# Mit digitalen Extras: Exklusiv für Buchkäufer!

## Ihre digitalen Extras zum Download:

- Ideenfindung
- Technischer Kreislauf
- Biologischer Zyklus
- Produkt zerlegen
- Möglichkeiten zur Weiterverwendung
- Kreislaufwirtschaft als unternehmerisches Engagement
- u.v.m.

▶ http://mybook.haufe.de/

▶ Buchcode: PMU-8849

Kreislaufwirtschaft als Strategie der Zukunft

Alfred Münger

# Kreislaufwirtschaft als Strategie der Zukunft

## Nachhaltige Geschäftsmodelle entwickeln und umsetzen

1. Auflage

Haufe Group
Freiburg · München · Stuttgart

**Bibliografische Information der Deutschen Nationalbibliothek**

Die Deutsche Nationalbibliothek verzeichnet diese Publikation in der Deutschen Nationalbibliografie; detaillierte bibliografische Daten sind im Internet über http://dnb.dnb.de/ abrufbar.

**Print:** ISBN 978-3-648-15621-6 Bestell-Nr. 10683-0001
**ePub:** ISBN 978-3-648-15622-3 Bestell-Nr. 10683-0100
**ePDF:** ISBN 978-3-648-15623-0 Bestell-Nr. 10683-0150

Alfred Münger
**Kreislaufwirtschaft als Strategie der Zukunft**
1. Auflage, Juli 2021


www.haufe.de
info@haufe.de

Bildnachweis (Cover): ©Anna, Adobe Stock

Produktmanagement: Bettina Noé

*Viele sind der Meinung, dass wir mit beschränkten Ressourcen unbeschränkt wachsen können!*

# Inhaltsverzeichnis

# Vorwort

Die Thematik Nachhaltigkeit wird seit der Einführung des UN Global Compact vor zwanzig Jahren immer breiter diskutiert. Der unverbindliche Pakt der Vereinten Nationen soll die Unternehmen weltweit dazu ermutigen, nachhaltige Aktivitäten zu verfolgen und über die Umsetzung zu berichten. Das Streben nach verbesserter Ressourceneffizienz, die Anstrengungen, die Klimaveränderung zu beeinflussen und gleichermaßen politische Bestrebungen sind Hinweise darauf, dass in der Gesellschaft ein Umdenken zu mehr Nachhaltigkeit stattfindet. Dies hat den Autor dazu veranlasst, sein über längere Zeit erarbeitetes Konzept des »Design Circular« zu publizieren.

Design Circular zielt auf eine regenerative Kreislaufwirtschaft ab und erweitert die drei Säulen der Nachhaltigkeit (soziale, ökologische und ökonomische Aspekte) um die Komponente Technologie. Die Technologie und das Verständnis ihres Wesens sind wichtige Treiber einer erfolgreichen Implementierung der Kreislaufwirtschaft in unsere Gesellschaft. Design Circular bietet die Möglichkeit, Ressourcenverschleiß zu erkennen und neue Wege zu dessen Reduktion zu beschreiten, sei es in der Verwendung naturbasierter Materialien, sei es mit dem Wiedereinsatz oder der längeren Verwendung eines Produktes bei gleichzeitiger Anwendung eines veränderten oder gänzlich neuen Geschäftsmodells.

Das Design-Circular-Handbuch hilft allen Interessierten, das Konzept erfolgreich zu realisieren.

# Danksagung

Die vorliegende Publikation ist dank der Mithilfe von Rudolf Johannes Merkle, Peter Hablützel und Monika Lanker entstanden. Ich bedanke mich bei ihnen herzlich für ihre große Unterstützung.

# Management Summary

Design Circular zielt auf eine regenerative Kreislaufwirtschaft ab und erweitert die drei Säulen der Nachhaltigkeit (soziale, ökologische und ökonomische Aspekte) um die Technologie. Die Technologie und das Verständnis ihres Wesens sind wichtige Treiber einer erfolgreichen Implementierung der Kreislaufwirtschaft in unsere Gesellschaft. Neben neu entwickelten Produkten müssen auch Güter, die bereits länger existieren, möglichst lange im Nutzungskreislauf gehalten werden.

Der Begriff »Design Circular« betont die Wichtigkeit des frühen Einbezugs des Kreislaufgedankens in den Produktentstehungsprozess. Idealerweise ist Zirkularität bereits Teil der Produktidee. Das volumenbasierte Produktionsmodell stößt aufgrund zunehmend mangelnder Ressourcen de facto an Grenzen. Die Welt muss sich darauf einstellen, dass anteilsmäßig zur Bevölkerung weniger der heutigen Energieformen und Ressourcen zur Verfügung stehen werden.

Design Circular strebt danach, dass sich Unternehmen intensiver und profunder mit dem Thema der Kreislaufwirtschaft auseinandersetzen.[1] Damit werden sie mittel- bis langfristig höhere Produktivität und eine bessere Rentabilität erzielen. Design Circular setzt zum einen bei den Produkten an, zum anderen bei den aktuellen Geschäftsmodellen. Die Überprüfung und Neudefinition existierender Geschäftsmodelle bezweckt, den Lebenszyklus der Produkte über die bisherige geplante Nutzungsdauer hinaus zu verlängern. Die Ideen hinter den Geschäftsmodellen sollen so konzipiert werden, dass Produzenten und Konsumenten[2] zum beiderseitigen Vorteil nachhaltigere Geschäftsbeziehungen eingehen. Das heißt, dass sich Unternehmen von der an und für sich begrüßenswerten Strategie »Null-Emissionen« in Richtung Kreislaufwirtschaft bewegen. Diese Richtungsänderung erfordert sowohl von den Eigentümern als auch den Führungspersonen in den Unternehmen eine neue Denkhaltung. Das zu erreichende Ziel ist branchenunabhängig.

Vorausdenkende Unternehmen stellen sich der Herausforderung, Produkte herzustellen, die repariert, erweitert resp. erneuert werden können, indes bereits bestehende Komponenten wieder- oder weiterzuverwenden. Damit verbunden sind Ziele, die positive ökonomische, soziale, ökologische und volkswirtschaftliche Auswirkungen auslösen werden. Wichtig ist neben der Einbindung aller, die Teil der Wertschöpfungs-

1 Anmerkung: Viele Vorschläge und Ideen sind inspiriert von den im englischen Sprachraum bereits existierenden Methoden der Ellen MacArthur Foundation.

2 Im vorliegenden Text wird aus Gründen der besseren Lesbarkeit das generische Maskulinum verwendet. Weibliche und anderweitige Geschlechteridentitäten werden dabei ausdrücklich mitgemeint, soweit es für die Aussage erforderlich ist.

kette sind, ein im weitesten Sinn gemeintes systemisches Denken. Daraus lässt sich schließen, dass die Kreislaufwirtschaft in einem nachhaltigen Wirtschaftssystem durchaus positive Auswirkungen auf die Beschäftigung hat, wenn der Sprung zu einer Wirtschaft der Wartung, Reparatur und Wiederaufarbeitung gewagt wird. Der volkswirtschaftliche Effekt ist nicht zu unterschätzen. Folgerichtig müssen die Unternehmen die entsprechenden Fachkräfte ausbilden, um diese Dienstleistungen effizient anbieten zu können – Fachkräfte, die es verstehen, die Produkte derart zu gestalten, dass eine Weiterverwendung, eine Reparatur, ein Wiederinstandsetzen oder sogar technologisches Hochrüsten von Gütern und Systemen möglich wird, egal, ob es sich dabei um ein Down- oder Upcycling handelt.

Design Circular kann ebenfalls in einer nachhaltigen Wirtschaftspolitik eingesetzt werden und dazu führen, dass Entscheide nicht kurzfristigen Partikularinteressen dienen. Man wägt nicht allein monothematische Pros und Kontras ab, sondern ist immer dazu angehalten, nachhaltig der Gesellschaft zu dienen, stets einen Gesamtblick zu bewahren.

Design Circular hilft, Ideen vom Ende her und zu Ende zu denken, damit die zukünftig hergestellten Produkte nicht mehr mengen-, sondern zukunftsoptimiert sind.

# 1 Einführung

## 1.1 Einleitung

Design Circular erweitert die drei Säulen der Nachhaltigkeit, namentlich die soziale/gesellschaftliche, die ökologische und die ökonomische, um eine vierte: die Technologie. Im Rahmen der Kreislaufwirtschaft sind die Technologie und ihr Verständnis wichtige Treiber für eine erfolgreiche Implementierung.

**Abbildung 1:** Nachhaltigkeit ergänzt um Technologie[3]

Die ersten Schritte in die Kreislaufwirtschaft ging schon Henry Ford. Er wies zum Beispiel einen Teil seiner Lieferanten an, ihm Fertigteile in Holzboxen bestimmter Größe anzuliefern. Diese Boxen wurden zerlegt und ergaben dann den Boden zahlreicher früher Ford-Modelle.[4] Einige Jahrzehnte später, im Jahr 1972, lancierte der von Dennis L. Maedows verfasste Bericht an den Club of Rome (»Grenzen des Wachstums«) die Diskussion über Verschwendung und Ressourcenknappheit erneut. Diese Publikation löste eine breite Diskussion über die Gefährdung des »Raumschiffs Erde« durch rücksichtslose Ausbeutung und Zerstörung der Umwelt aus. Der englische Ökonom E. F. Schumacher stellte in seinem 1973 erschienen Bestseller »Small is Beautiful« fest:

3 Modifiziert vom Autor.
4 Process Engineering for Pollution Control and Waste Minimization By Donald L. Wise/Debra J. Trantolo Page 145, CRC Press, 15 Feb 1994.

»Das Erstaunlichste an der modernen Industrie ist, dass sie so viel verlangt und so wenig leistet. Die moderne Industrie scheint in einem Ausmaß leistungsunfähig zu sein, das [sic!] die gewöhnliche Vorstellungskraft übersteigt. Daher bleibt diese Unfähigkeit unbemerkt.« (Schumacher, 1973, 2019)

Warum verschwinden große Unternehmen? Diese Frage könnte nach Schumacher mit der Ineffizienz der großen Unternehmen beantwortet werden, denn darauf sind ebendiese großen Unternehmen anfällig, was sich u. a. in der Lebenserwartung eines Unternehmens widerspiegelt. Betrug gemäß Stéphane Garelli (IMD) das durchschnittliche Alter der im Standard & Poors (S&P) Index aufgeführten Unternehmen 1958 noch rund 61 Jahre, ist es heute auf durchschnittlich 18 Jahre gesunken.[5]

Heute bestätigen sich die Analysen Schumachers und Garellis insofern, als sich große Unternehmen häufig mit sich selbst beschäftigen und Ressourcen für wiederkehrende Reorganisationen verschwenden; in anderen Worten: Große Unternehmen benötigen einen kontinuierlich steigenden Input an Managementenergie, um bestehen zu bleiben. Je größer das Unternehmen, desto mehr Energie benötigt dieses, um zu überleben – frei nach dem systemischen Prinzip: Ist das System groß genug, beschäftigt es sich selbst.

Die von Schumacher konstatierte Ineffizienz ist nicht zuletzt im weltweiten Ressourcenverbrauch zu erkennen. Der sogenannte Earth Overshoot Day, also der Tag, an dem die Weltbevölkerung die für das Jahr dank Regeneration zur Verfügung stehenden Ressourcen verbraucht hat.[6] Betrachtet man in diesem Licht Schumachers Überlegungen neu und nimmt als Basis den aktuellen globalen 1,6-fachen Verbrauch[7] der für dieses Jahr (2020) verfügbaren Ressourcen, ist danach zu fragen, welche Unternehmerin bzw. welcher Unternehmer ein Unternehmen führen würde, bei dem die Kosten den Umsatz seit fast 50 Jahren stetig übertreffen und diese Kosten seit 1971 bis 2019 um das 1,75-Fache angestiegen sind. Die Antwort ist kaum überraschend: niemand.

»Der Overshoot-Day in der Schweiz war in diesem Jahr (2019) bereits am 7. Mai. An diesem Tag hatten die Schweizer bereits mehr natürliche Ressourcen verbraucht, als im ganzen Jahr 2019 pro Erdbewohner nachwachsen oder nachhaltig genutzt werden können. Mit anderen Worten: Um unseren Lebensstil beizubehalten, wären wir im Prinzip auf drei Planeten in der Grosse unserer Erde angewiesen.«[8]

5 (https://www.imd.org/research-knowledge/articles/why-you-will-probably-live-longer-than-most-big-companies/) (Stéphane Garelli ist eine weltweite Autorität auf dem Gebiet der Wettbewerbsfähigkeit und hat Pionierarbeit auf diesem Gebiet geleistet. Er ist Professor Emeritus am IMD, wo er das World Competitiveness Centre gründete.) abgerufen am 22.11.2019.

6 https://www.overshootday.org/content/uploads/2020/06/2020_Past_Overshoot-Days-English-large.png abgerufen am 17.11.2020.

7 https://www.overshootday.org abgerufen am 24.11.2019.

8 https://dievolkswirtschaft.ch/de/2019/07/kaenzig-08-09-2019/ abgerufen am 25.11.2019.

Design Circular ist eingedenk dessen notwendig, zum einen, um die Ressourcen für die Zukunft sicherzustellen, zum anderen, sie nicht weiter sinnlos zu verschwenden. Die postulierte Notwendigkeit manifestiert sich unter anderem im starken Wachstum der Weltbevölkerung. Sie hat sich in den letzten 70 Jahren mehr als verdreifacht und wird bald 8 Milliarden betragen. Mit zunehmendem Wohlstand werden sich zudem die Bedürfnisse der jeweiligen Bevölkerung verändern, der Ressourcenbedarf wird folgerichtig weiter zunehmen.

Der starke Bevölkerungsanstieg kann mit besserer Ernährung, erweiterter Gesundheitsversorgung, veränderten Arbeitsbedingungen etc. begründet werden. Mit der zunehmenden Lebenserwartung wird sich zudem wohl das Rentenalter erhöhen und im Gleichschritt die Suche nach Beschäftigung. Daher müssen neue Modelle für die Arbeitswelt diskutiert werden. Gig Economy[9] oder Job-Hopping (Temporär- oder Zeitarbeit) sind bereits heute geläufig. Die neuen Arbeitsmodelle erfordern von den Arbeitnehmerinnen und Arbeitnehmern mehr Flexibilität und Mobilität. Ferner wird eine zunehmende Anzahl von Personen außerhalb der traditionellen Unternehmensbeschäftigung arbeiten. In Großbritannien sind gemäß WEF schon rund 10 % der Beschäftigten in der Gig Economy[10] tätig. Gig Economy wird im vorliegenden Kontext im weitesten Sinne als Sharing Economy verstanden, denn die geteilte Ressource ist das menschliche Wissen bzw. die menschliche Arbeitskraft. Beides steht verschiedenen Bedürfnisträgern während eines definierten Zeitraumes gleichzeitig zur Verfügung. Voraussetzung dafür sind Personen, die vermehrt als eigenständige Unternehmerinnen und Unternehmer zu agieren gezwungen sind. Mit entsprechenden Konsequenzen (bspw. reduzierte soziale Sicherheit) mutieren sie tendenziell zu Partnern (Lieferanten) der Unternehmen. Nicht zuletzt aufgrund oben erwähnter Veränderungsgeschwindigkeit der Unternehmenslandschaft wird eine Vielzahl von Arbeitskräften ihr Leben selbst in die Hand nehmen (müssen). Sie werden, wie für viele Musiker und Schauspieler längst Usus, zu eigenständigen Unternehmern. Für all diejenigen, die in die Sozialversicherungen einzahlen, ist eine für sie selbst profitable Lösung unabdingbar. Viele Unternehmerinnen und Unternehmer harren zurzeit eines durchdachten Vorschlages.

## 1.2 Definition Design Circular

Worin differenzieren sich Circular Design, Cradle to Cradle und Design Circular? Nachfolgend werden diese zentralen Begriffe erörtert.

9 Gig Economy aus dem Englischen für »Auftritt« und »Wirtschaft«, Teil des Arbeitsmarktes, kleine Aufträge werden kurzfristig an unabhängige Selbstständige, Freiberufler oder geringfügig Beschäftigte vergeben, zu vergleichen mit Musikern und Schauspielern.

10 https://www.weforum.org/agenda/2019/11/gig-economy-in-4-steps/ abgerufen am 25.11.2020.

### 1.2.1 Circular Design

Der Begriff Circular Design erscheint in der ersten Veröffentlichung der Ellen MacArthur Foundation (2012):[11] »Circular design, i.e. improvements in materials selection and product design (standardisation/modularisation of components, purer materials flows, and design for easier disassembly), lie at the heart of a circular economy.«[12] Die regenerative Kreislaufwirtschaft zielt demzufolge nicht nur auf Produkte oder das Recycling und die Entsorgung von Rest- bzw. Schadstoffen ab, sondern auf die Gestaltung der gesamten Stoffkreisläufe. Dienstleistungen, Geschäftsmodelle, Beziehungen zwischen den Anspruchsgruppen, Märkte etc. sollen neu definiert und konzipiert werden. Im Idealfall werden alle Abfälle eliminiert, insofern sie entweder in den biologischen oder in den technischen Kreislauf zurückgeführt werden. Die Ressourcennutzung im Kreislauf bezweckt die konsequente Eindämmung des Ressourcenraubbaus.

### 1.2.2 Cradle to Cradle

Cradle to Cradle® ist ein Designkonzept, das in den 1990er-Jahren von Michael Braungart, William McDonough und EPEA Hamburg entwickelt wurde. Es steht für Innovation, Qualität und gutes Design. Übersetzt heißt es »von der Wiege zur Wiege« und beschreibt die sichere, potenziell unendliche Zirkulation von Materialien und Nährstoffen in Kreisläufen.[13] Cradle to Cradle® leitet aus der Beobachtung der Natur Erkenntnisse ab, Produkte nach dem Prinzip der anzustrebenden, endlosen Kreislaufwirtschaft zu entwickeln. Insbesondere werden ökonomische, ökologische und soziale Aspekte berücksichtigt. Damit unterscheidet sich Cradle to Cradle® von der heutigen linearen Wirtschaft und dem herkömmlichen Recycling fundamental.

### 1.2.3 Design Circular

Design Circular zeichnet sich dadurch aus, dass Rohstoffe und hergestellte Güter bereits in der Design- und Entwicklungsphase kreislauffähig gestaltet werden. Die Umformulierung von Circular Design zu Design Circular symbolisiert die Betonung der frühen Phase des Produktlebenszyklus. Design Circular unterliegt dem Prinzip, dass bestehende Produkte zum einen mit neuen Verwendungszwecken, zum anderen mit neuen Geschäftsmodellen verbunden werden. Die beiden Konzepte Circular Design und Cradle to Cradle® sind in den Grundzügen dem Design Circular anverwandt. De-

11 Ellen MacArthur Foundation, Towards the Circular Economy Vol. 1: an economic and business rationale for an accelerated transition, S. 9.
12 http://www.circular-design.eu/Circular-Design-Deutsch/ abgerufen am 02.12.2019.
13 https://epea-hamburg.com/en/about-us/cradle-to-cradle abgerufen am 02.12.2019.

sign Circular fokussiert sich neben ökonomischen, ökologischen und sozialen auch auf technische Aspekte.

Die nachfolgende Darstellung soll symbolisch die neue Dynamik in der nachhaltigen Entwicklung von Unternehmen aufzeigen.

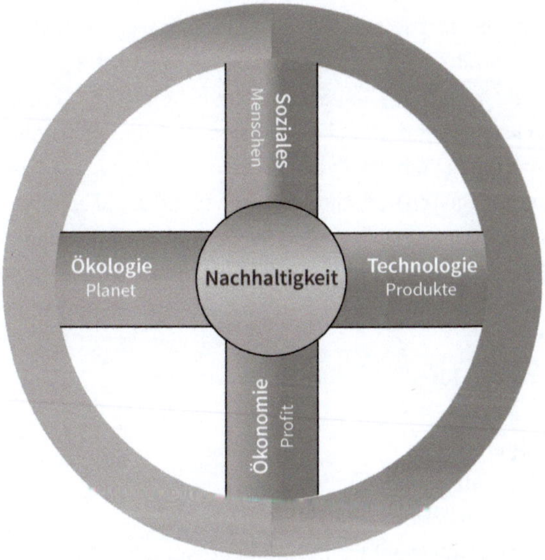


**Abbildung 2:** Design Circular Nachhaltigkeitsmodell

Ein Produkt soll von Anfang an über eine Roadmap verfügen, welche die möglichen zukünftigen An- und Verwendungen aufzeigt. Selbstredend spielen diesbezüglich Geschäftsmodellinnovationen eine bedeutende Rolle, da sie entscheidend zum wirtschaftlichen Nutzen und Erfolg der Unternehmen beitragen. Neben den betriebswirtschaftlichen Vorteilen stehen volkswirtschaftliche Aspekte wie etwa die Schaffung neuer Arbeitsplätze im Mittelpunkt.

## 1.3 Fakten

Die meisten Ressourcen waren im 20. Jahrhundert leicht verfügbar und trotz Volatilität sanken die durchschnittlichen Rohstoffpreise bis ca. 2005 über einen längeren Zeitraum fast immer (Entwicklung der realen Rohstoffpreise[14]).

14 https://www.mckinsey.com/~/media/McKinsey/Not%20Mapped/TEST%20Copy%20of%20Resource%20revolution%20Tracking%20global%20commodity%20markets/MGI_Resources_survey_Full_report_Sep2013.pdf abgerufen am 25.07.2020.

Die Entwicklung der realen Rohstoffpreise in der Nachkriegsgeschichte ist sicherlich einer der Gründe für die Verschwendung. Im Weiteren sind die im Vergleich zu den Lohnkosten sehr tiefen Transport- und Produktpreise zu erwähnen. Zudem oblag die Verantwortung für das Recycling und die Entsorgung in der Vergangenheit den Verbrauchern. Daher war die herstellende Industrie der Verantwortung für die Entsorgung resp. für die Möglichkeit der Weiterverwendung von Rohstoffen ledig. Indes, wer ist nunmehr für die Entsorgung verantwortlich? Im Sinne der Wiederverwendung der Rohstoffe und der daraus entstehenden einfacheren Verfügbarkeit müsste im Eigeninteresse der produzierenden Wirtschaft ein Wechsel von der Konsumenten- zur Produzentenverantwortung, folgerichtig zur erweiterten Produktverantwortung stattfinden. Gesellschaft und Politik versuchen mit unterschiedlichen Initiativen, genau diese Veränderung zumindest einzuleiten. Als Beispiel sind die in der Schweiz angewendeten vorgezogenen Recyclingabgaben (SWICO) auf elektrische und elektronische Geräte und Apparate zu erwähnen. Die EU-Richtlinie 2012/19/EU WEEE II (Waste Electrical & Electronic Equipment) sieht vor, dass ab 2019 85 % der produzierten Elektro- und Elektronikabfälle in der EU getrennt gesammelt werden müssen.[15]

Die WEEE-Richtlinie gilt für alle im Folgenden aufgeführten Elektro- und Elektronikgeräte:

1. Haushaltsgroßgeräte,
2. Haushaltskleingeräte,
3. IT- und Telekommunikationsgeräte,
4. Geräte der Unterhaltungselektronik und Photovoltaikmodule,
5. Beleuchtungskörper,
6. Elektrische und elektronische Werkzeuge (mit Ausnahme ortsfester industrieller Großwerkzeuge),
7. Spielzeug sowie Sport- und Freizeitgeräte,
8. Medizinische Geräte (mit Ausnahme aller implantierten und infektiösen Produkte),
9. Überwachungs- und Kontrollinstrumente,
10. Ausgabeautomaten.

Ebenso ist an die Autoindustrie zu denken, die zwar die Annahme Schrottes förderte, also linear agierte, nicht aber andere Möglichkeiten wie die Wiederverwendung in den Vordergrund stellte. Daneben haben häufig regionale oder nationale Institutionen wie in der Schweiz die städtischen Müllabfuhren Abfall eingesammelt, entsorgt oder bestenfalls in den Kreislauf reintegriert.[16]

15 https://eur-lex.europa.eu/legal-content/DE/TXT/PDF/?uri=CELEX:32017R0699&from=EN abgerufen am 20.06.2020.

16 http://reports.weforum.org/toward-the-circular-economy-accelerating-the-scale-up-across-global-supply-chains/the-limits-of-linear-consumption/ abgerufen am 21.12.2019.

Laut Global E-Waste Report 2017 werden weltweit nur 20 % vom Elektronik-/Elektroschrott fachgerecht entsorgt. Diese Zahl hat sich im Jahre 2019 noch weiter auf 17,4 % reduziert (E-Waste Recycling 2019[17]). Der Report in 2020 attestiert diesen Sekundärrohstoffen ein Wertpotenzial von 57 Milliarden USD. Wenn also nur 17,4 % fachgerecht rezykliert werden, bedeutet dies, dass 47 Milliarden USD nicht zurückgewonnen werden (Potential E-Waste Recycling[18]).

Ein Grund für die relativ tiefe Recyclingquote ist der im Vergleich zu den rezyklierten Rohstoffen zu tiefe Preis neuer Rohstoffe resp. die hohen Kosten des Recyclings. Bestes Beispiel hierfür ist Erdöl: Als der Preis vor einigen Jahren einen Tiefststand erreicht hatte, war neu produziertes PET, bestehend aus Erdölderivaten, billiger als rezykliertes. Daneben spielen aber auch die weltweit angebotenen, nicht dem Verursacherprinzip entsprechenden Transportkosten.

## 1.4 Das lineare Wirtschaftsmodell

Im Zuge der sogenannten industriellen Revolution bescherte die Wirtschaft den Menschen in der westlichen Hemisphäre eine unglaubliche Fülle an Produkten. Der Überfluss im existierenden Wirtschaftssystem begünstigte nicht zuletzt Ineffizienz. Die externen Kosten (Klimawandel, Verlust an Biodiversität etc.) sowie die aus dem Konsum resultierenden finanziellen Aufwendungen für Umwelt und Gesundheit werden nicht den Verursachern, sondern zum großen Teil der gesamten Weltbevölkerung aufgebürdet. Volkswirtschaftlich gesehen ist dieses System weit davon entfernt, optimal zu sein. Wie hat sich die Gesellschaft in diese Situation manövriert? Das aktuelle Modell der Wirtschaft ist wie erwähnt linear. »Trotz hoher Recyclingquoten wird in der Schweiz so viel Abfall pro Person produziert wie fast nirgendwo sonst.«[19] Ressourcen werden extrahiert, in Produkte transformiert, verwendet oder konsumiert und entsorgt.

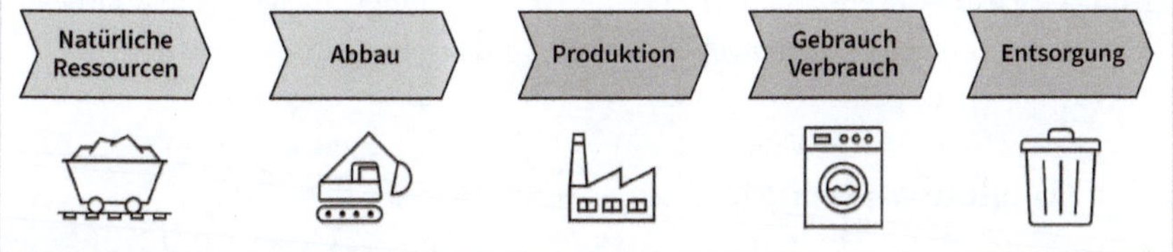


**Abbildung 3:** Linearwirtschaft[20]

17 Forti V., Baldé C.P., Kuehr R., Bel G. The Global E-waste Monitor 2020.
18 Forti V., Baldé C.P., Kuehr R., Bel G. The Global E-waste Monitor 2020.
19 https://dievolkswirtschaft.ch/de/2019/07/kaenzig-08-09-2019/.
20 Eigene Darstellung.

Erst mit der Entsorgung beginnt der Recyclingprozess. Was letztlich übrig bleibt, sind verbrauchte Rohstoffe, aber darüber hinaus eine Unmenge an Schadstoffen und Abfällen. Das Rezyklieren von Produkten konzentriert sich in diesem Status meist auf metallische Wertstoffe wie Kupfer, Aluminium oder gar Edelmetalle, weil sie die größten monetären Gewinne versprechen.

Die lineare Wirtschaft berücksichtigt die negativen Nebenwirkungen eines Produktes nicht. Einmal dem Endkunden verkauft, gilt: Aus den Augen, aus dem Sinn. Das noch heute primär gültige Ziel unternehmerischen Handelns ist, eine maximale Anzahl von Produkten zu minimalen Kosten zu verkaufen.

Der permanente Druck, Kosten zu senken, ist mitverantwortlich für die Entstehung oben genannter Begleiterscheinungen und unterstützt somit die lineare Wirtschaft. Solange der Unternehmenserfolg an Produktivität und Effizienzsteigerungen gemessen wird, ist es unwahrscheinlich, dass diese unerwünschten Begleitsymptome verschwinden. Wäre dies das Ziel, müssten die Anspruchsgruppen verstehen, dass im auf Wachstum ausgerichteten heutigen Wirtschaftsmodell Recycling keine allzu effektive und effiziente Strategie für den Umgang mit den ungenutzten Mengen an Ressourcen ist.

Das volumenbasierte lineare Produktionsmodell stößt aufgrund zunehmend mangelnder Ressourcen an Grenzen. Man muss sich folgerichtig auf eine Welt einstellen, in der weniger Energie und Ressourcen zur Verfügung stehen. Die Abfallmengen werden nicht von heute auf morgen verschwinden. Weitere Investitionen in die Recyclingindustrie tun not. Die Problematik bleibt virulent, bis die Unternehmen dieses erkannt und sich ernsthaft mit der Kreislaufwirtschaft auseinandergesetzt haben. Stellt sich kein fundamentaler Wandel im Denken ein, wird die Industrie trotz Recycling der linearen Wirtschaft treu bleiben. Es wird also nicht gelten: Je mehr wir rezyklieren, desto besser ist dies für die Wirtschaft. Damit werden die bestehenden Probleme nicht gelöst, vielmehr wird der Übergang in die Kreislaufwirtschaft weiter verzögert. Das eigentliche Ziel der Kreislaufwirtschaft, die Produkte möglichst lange, idealerweise über mehrere Lebenszyklen hinweg zu nutzen, wird aus den Augen verloren.

## 1.5 Kreislaufwirtschaft

Die Kreislaufwirtschaft basiert auf natürlichen Kreisläufen, innerhalb derer grundsätzlich nichts verloren geht. Sofern der Mensch nicht eingreift, wird wenig zu wertlosem, womöglich giftigem Abfall, als Beispiel diene hier der biologische Kreislauf. Das Ziel für die Wirtschaft ist, dass auch diese naturgleich als ein großer geschlossener Kreislauf funktioniert, angefangen bei der Rohstoffgewinnung über die Produktion und einer möglichst langen Nutzung der Rohstoffe, bevor Letztere dem Recycling zu

Sekundärrohstoffen zugeführt werden. In der Kreislaufwirtschaft sollen die Produkte und Materialien möglichst lange verwendet bzw. wiederverwendet werden, damit ihr Wert langfristig erhalten bleibt. Gleichzeitig werden Einsatzdauer und Nutzungsintensität der eingesetzten Produkte und Materialien gesteigert.

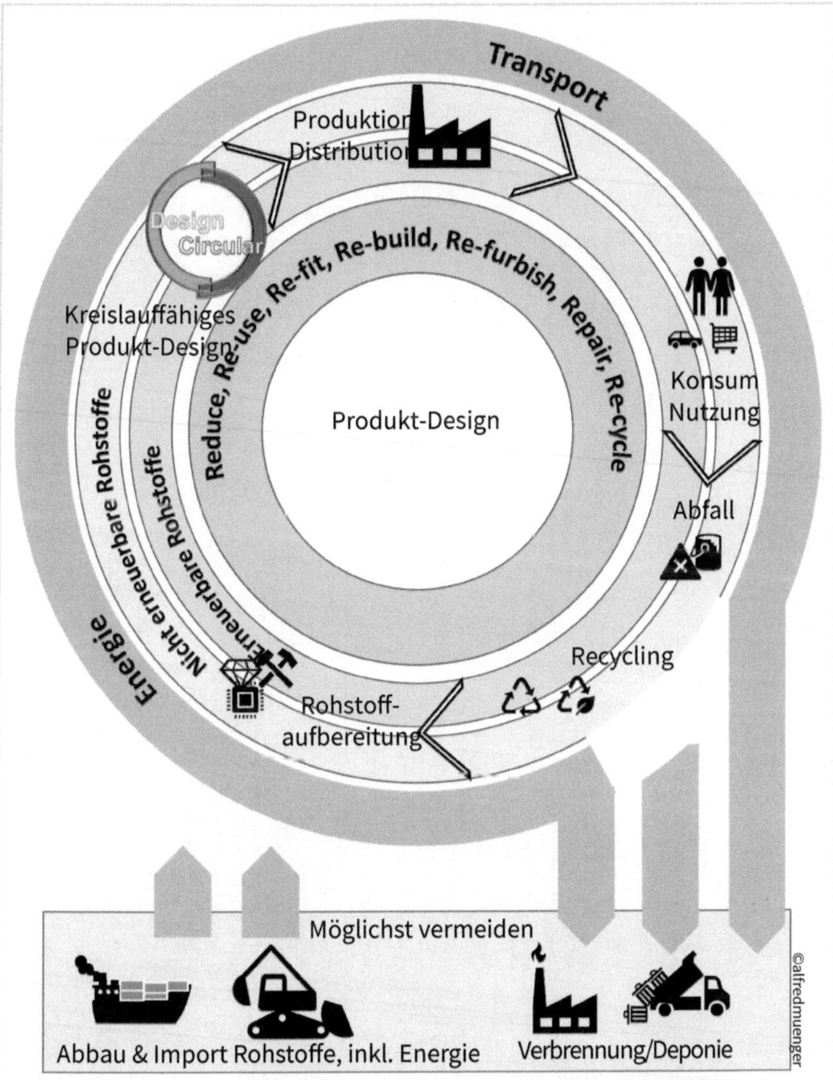


**Abbildung 4:** Kreislaufwirtschaft[21]

21 Eigene Darstellung in Anlehnung an https://dievolkswirtschaft.ch/de/2019/07/kaenzig-08-09-2019/ abgerufen am 14.03.2020.

Das End-of-Life-Konzept ersetzt die Verlagerung und nutzt weiter- und wiederverwendbare Produkte. Eine kreislauffähige Wirtschaft strebt danach, innovativ auf verschiedenen Ebenen Verschwendung grundsätzlich zu vermeiden und möglichst keinen Abfall zu erzeugen.

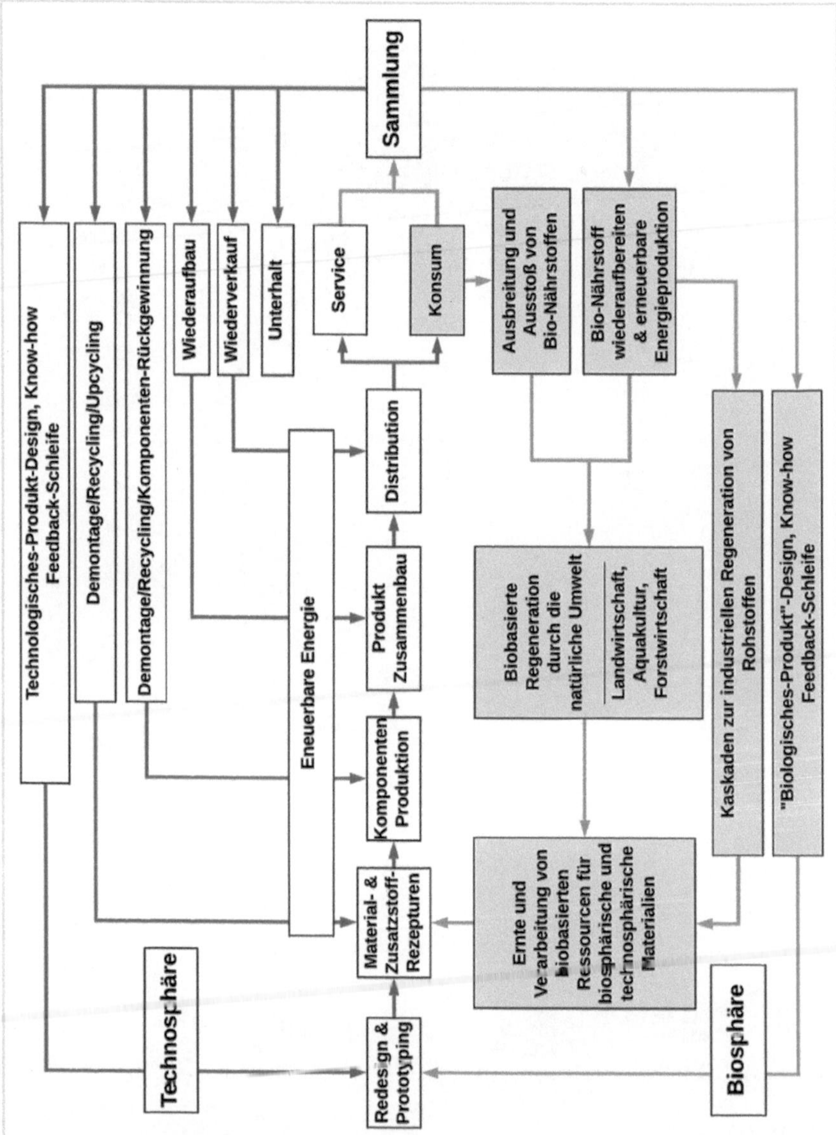


**Abbildung 5:** Cradle to Cradle[22]

22 Eigene Darstellung in Anlehnung an: https://epea-hamburg.com/toolbox-circular-economy/ abgerufen am 10.03.2020.

Die Kreislaufwirtschaft zielt darauf ab, Abfall möglichst zu eliminieren. Die Produkte werden so entwickelt und optimiert, dass diese weitestgehend mehrmals wiederkehrende Verwendung finden. Damit entfallen bei der Entsorgung resp. Rezyklierung große Mengen an Energie und Arbeit. Im technologischen Kreislauf werden Materialien und Güter wie Motoren oder Computer aus technischen »Nährstoffen«, etwa aus Metallen und Kunststoffen, hergestellt, die für die Biosphäre ungeeignet sind. Der biologische Kreislauf umfasst indessen biologische Inhalts- resp. Nährstoffe, die ungiftig, möglicherweise sogar vorteilhaft sind. Sie können letztlich entweder direkt oder in einer Kaskade aufeinanderfolgender Verwendungen sicher in die Biosphäre zurückgeführt werden.

Im Gegensatz zum heutigen wirtschaftlichen Ansatz »Kaufen, Brauchen, Wegwerfen« werden in der Kreislaufwirtschaft langlebige Produkte, wo immer dies möglich ist, geleast, gemietet oder geteilt. Werden Produkte verbraucht, stellen Anreize oder Vereinbarungen sicher, dass die Rückgabe und die Wiederverwendung des Produkts oder seiner Komponenten und Materialien am Ende der primären Nutzungsphase gefördert werden. Die Ellen MacArthur Foundation hat das nachfolgende Modell zur Erklärung möglicher Anwendungen der Kreislaufwirtschaft entwickelt:

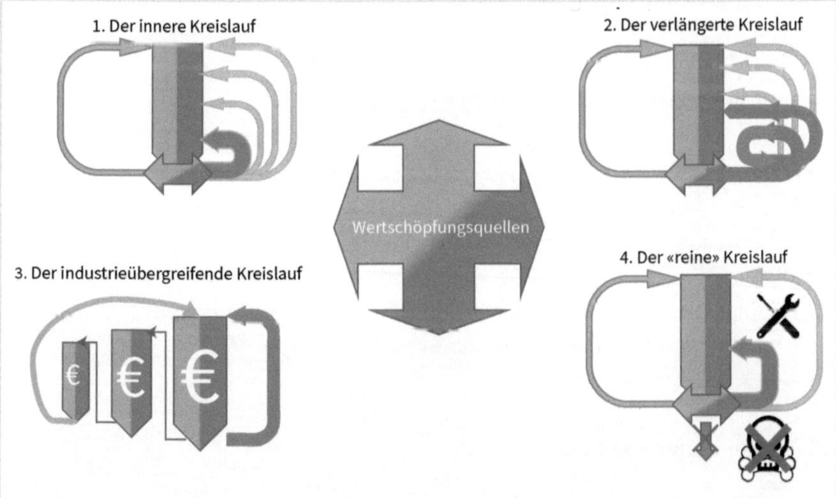


**Abbildung 6:** Sources of value creation for the circular economy[23]

23 Eigene Darstellung in Anlehnung an Ellen MacArthur Foundation circular economy team https://www.ellenmacarthurfoundation.org/assets/downloads/publications/Towards-the-circular-economy-volume-3.pdf abgerufen am 03.05.2020.

### 1.5.1 Der innere Kreislauf

Der innere Kreis (1) setzt gegenüber dem linearen Produktionssystem auf Reduktion bzw. Minimierung des Materialeinsatzes. Je enger der Kreis wird, umso geringfügiger muss das Produkt bei der Wiederverwendung und (Wieder-)Aufarbeitung verändert werden. Folgerichtig kann das Produkt schneller wiederverwendet werden. Das allgemeine Einsparungspotenzial ist wesentlich, denn die im Produkt enthaltenen Anteile an Material, Arbeit, Energie und Kapital müssen nicht mehr komplett neu aufgebaut bzw. kombiniert werden. Die Nebenwirkungen des Erschaffungsprozesses, etwa Emissionen, Wasser und eventuelle toxische Einflüsse, reduzieren sich um ein Vielfaches.

### 1.5.2 Der verlängerte Kreislauf

Im verlängerten Kreislauf (2) bleiben die Produkte länger im Kreislauf. Dies bedeutet, dass die Anzahl aufeinanderfolgender Zyklen mithilfe von Wiederverwendung, Reparatur oder vollständiger Wiederaufarbeitung maximiert werden. Letzten Endes wird angestrebt, dass alle Produkte eine längere Nutzungsdauer besitzen. Jeder verlängerte Zyklus schont mit Blick auf die Herstellung neuer Produkte oder Komponenten Material, Energie und Arbeitsaufwand.

### 1.5.3 Der industrieübergreifende Kreislauf

Der industrieübergreifende Kreislauf (3) lässt sich am einfachsten an einem Beispiel erklären: Kleider aus natürlich gewachsenen Rohstoffen können bspw. neu genäht wiederverwendet werden. Später sind sie als Faserfüllung für Polsterungen in der Möbelindustrie nützlich. Ebendiese Faserfüllung wird in Steinwolle für Gebäudeisolierungen eingesetzt, bevor sie final in die Biosphäre zurückgeführt wird. Damit werden das Produktleben und die Wertschöpfung erhöht.

### 1.5.4 Der »reine« Kreislauf

Der Kreislauf (4) mit toxisch unbelasteten und reinen (technischen) Materialien erhöht die Effizienz, da die gesammelten Materialien einfacher umverteilt werden können. Wiederum wird die Lebensdauer der Produkte verlängert und damit erhöht sich die Materialproduktivität.

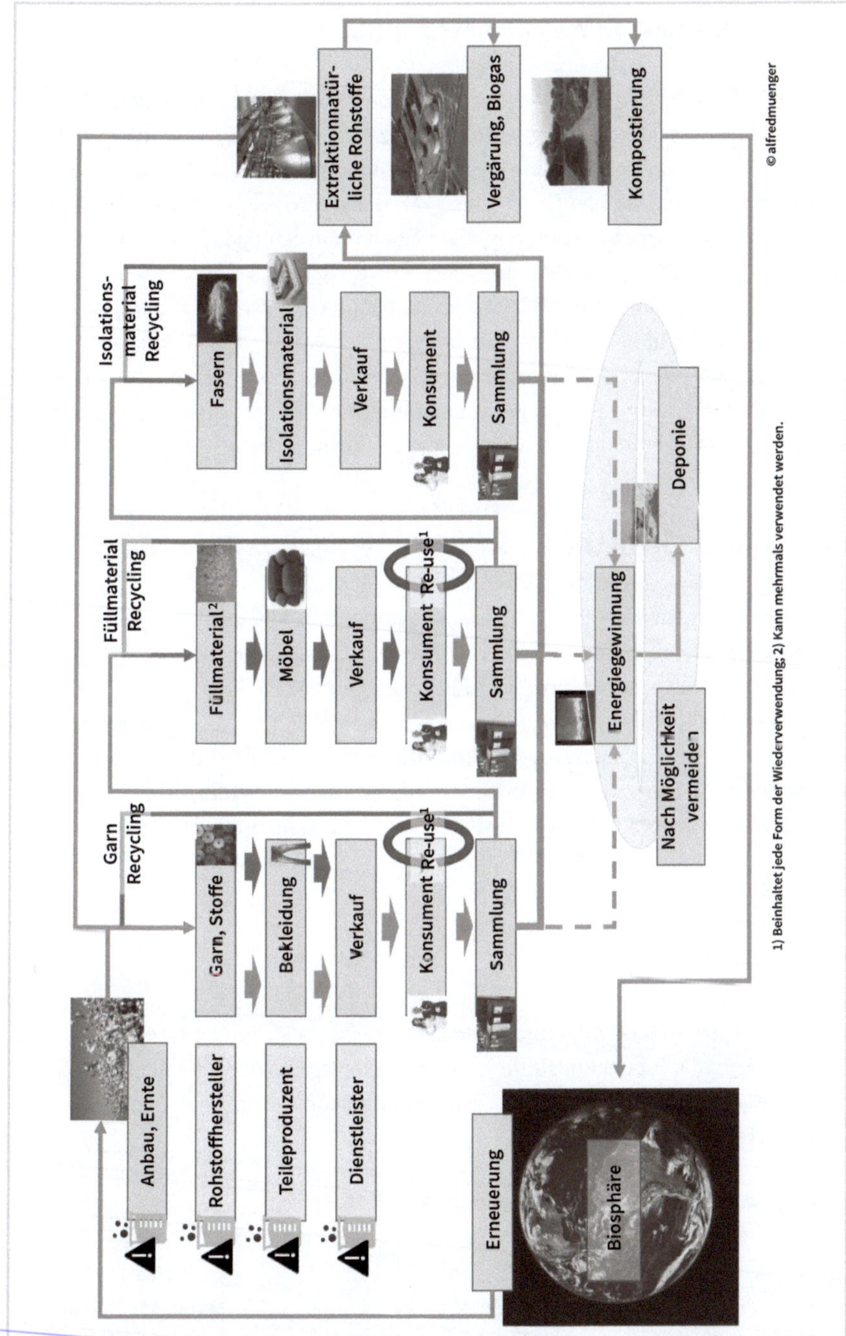


**Abbildung 7:** Die Kaskadierung am Beispiel von Textilfasern[24]

24 Eigene Darstellung in Anlehnung an: Towards Circular Economy Vol. 1 2013 Ellen MacArthur Foundation.

### 1.5.5 Der Kreislauf als Wertschöpfungsquelle

Die vorgängig aufgezeigten vier Wege zur Erhöhung der Materialproduktivität sind nicht einmalige Effekte, die möglicherweise die Nachfrage nach Ressourcen bei der Einführung der zirkulären Systeme kurzzeitig eindämmen. Vielmehr wird eine dauerhafte Änderung der Durchlaufgeschwindigkeit der erforderlichen Materialaufnahme im Stoff-Kreislauf angestrebt, woraus, dies nicht das unwichtigste Argument, eine längerfristige finanzielle Rentabilität resultiert. Im von der Ellen MacArthur Foundation veröffentlichten Bericht »Towards the Circular Economy«[25] wird aufgezeigt, dass eine Reihe von Unternehmen die Prinzipien der zirkulären Wirtschaft mit innovativen Produkten und Geschäftsmodellen befolgen. Als Beispiele seien biologisch abbaubare Lebensmittelverpackungen oder leicht demontierbare Bürodrucker genannt, ebenso »Pay-per-Use«-Anwendungen in verschiedensten Ausprägungen.

## 1.6 Design Circular

Die vorangegangenen Abschnitte basierten zum einen inhaltlich im weiteren Sinn implizit auf dem Schumpeterschen Prinzip der schöpferischen Zerstörung,[26] in etwa frei nach dem Motto, dann wird Platz für Neues geschaffen. Zum anderen ist in Zusammenhang mit der Ressourcenverschwendung der Aufwand zu diskutieren. Design Circular positioniert die kreative Umwandlung vor die Zerstörung und hilft, in die nachhaltigere Nutzung von Gütern zu investieren. Die Gestaltung und Verwendung von Basismaterialien, Produkten, Systemen und Geschäftsmodellen wird mit Design Circular von Grund auf neu durchdacht.

### 1.6.1 Einleitung

Technologie beherrscht zunehmend den Alltag. Die beschleunigte technologische Entwicklung bedarf neuer Rohstoffe (bspw. Gallium, Indium oder Metalle der seltenen Erden wie Neodymium etc.). Exakt diese Rohstoffe können heute nur teilweise wirtschaftlich rezykliert werden.[27]

---

25 https://www.ellenmacarthurfoundation.org/assets/downloads/publications/Ellen-MacArthur-Foundation-Towards-the-Circular-Economy-vol.1.pdf.

26 Das Konzept der schöpferischen Zerstörung ist ein Grundmotiv von Schumpeters Werk »Kapitalismus, Sozialismus und Demokratie«, erstmals auf Englisch erschienen 1942.

27 (https://www.empa.ch/de/web/s604/ressourcen-in-computern/-/journal_content/56_INSTANCE_NewsArt/56164/6241512?p_p_state=pop_up&_56_INSTANCE_NewsArt_page=1&_56_INSTANCE_NewsArt_viewMode=print) abgerufen am 09.02.2020.

Der am 21. Januar 2020 in Davos veröffentlichte »Circularity Gap Report« dokumentiert, dass die globale Wirtschaft 2019 zum ersten Mal über 100 Milliarden Tonnen Rohstoffe verbraucht hat. Gleichzeitig flossen gemäß den Autoren des Berichts nur 8,6 Milliarden Tonnen in den Kreislauf zurück.[28] Nach der Grundidee der Kreislaufwirtschaft ist das dargestellte Szenario selbstredend keine vernünftige Option.

### 1.6.2 Vorteile von Design Circular

Design Circular konzentriert sich vor allem auf zwei Aspekte: erstens die fachgerechte Rückführung der Produkte in den wirtschaftlichen Kreislauf, zweitens neue nachhaltige Geschäftsmodelle.

Was ist zu tun? Die Produktlebensdauer soll durch Wartungs-, Reparatur, Umverteilungs-, Aufarbeitungs- und/oder Wiederherstellungskreisläufe verlängert werden und der heutigen Form des Recyclings als letzter Station in einem langen Produktleben entzogen werden.

Mit bereits im Entwicklungsstadium auf Kreislauffähigkeit konzipierten Produkten kann zur Werterhaltung, Wertsteigerung oder Materialverbesserung beigetragen werden, also zu einem längeren Lebenszyklus des Produkts.

Design Circular setzt auf die Kreislaufwirtschaft. Geradezu paradoxerweise bemüßigt sich Design Circular des Ansatzes der sog. kreativen Zerstörung und bietet den Unternehmen Hand, sowohl neue als auch existierende, Produkte für die Kreislaufwirtschaft zu entwickeln resp. sie dahin gehend umzuwandeln. Eingedenk der vorgängig genannten Gründe wie des Bevölkerungswachstums, des Überkonsums usw. ist unbedingt der Versuch zu wagen, die aktuell linear funktionierende Wirtschaft endgültig zu reformieren und die Basis für eine Kreislaufwirtschaft zu legen.

Folgerichtig müsste also die weitere Verwendung entsprechender Technologien sichergestellt werden. Heute werden neben dem Smartphone ein Tablet, ein Laptop und oder gar ein Desktop-Computer verwendet. Die Leistungsfähigkeit dieser Geräte ist enorm. Wäre es daher nicht sinnvoll, an Technologien zu forschen, die erlauben, die jeweiligen Geräte modular aufzubauen? Dieser matroschkaähnliche Zusammenbau würde dank der steigenden Anzahl an Komponenten direkt proportional simplere zu immer leistungsfähigeren Systemen ausbauen. Damit würden Ressourcen eingespart, weil die Basis der Rechnerleistung immer nur um die nächste Stufe erweitert werden müsste. Folgendes Beispiel erläutert dieses Konzept: Smartphone in Tablet einklicken,

28 The Circularity Gap Report 2020 https://www.circularity-gap.world/2020 abgerufen am 09.02.2020.

Smartphone und Tablet in Laptop einklicken usw. Ein anderes Beispiel wäre die Verwendung des Smartphones im Auto als GPS- und Entertainment-System. Ein weiterer Ansatz wäre die Möglichkeit, auf Modularität zu verzichten und das performancestärkste System entsprechend zu optimieren und alle weniger leistungsfähigeren Systeme gar nicht erst zu produzieren beziehungsweise sie gänzlich zu substituieren.

### 1.6.3 Unternehmen als Treiber von Design Circular

Vorausdenkende Unternehmen nehmen die Herausforderung an, Produkte herzustellen, die repariert, erweitert resp. erneuert werden können, aber ebenso bereits bestehende Komponenten wieder- bzw. weiterzuverwenden. Ein etabliertes Produkt sollte am Ende des ersten Lebenszyklus neu aufgebaut und technisch auf den neuesten Stand gebracht werden. Dies würde bedeuten, dass auf der einen Seite weniger Kosten als für ein Neues entstehen, denn das Produkt muss ja nicht von Grund auf neu kreiert werden; auf der anderen Seite vermindert sich der Ressourcenverschleiß. Aus Sicht der Hersteller kann es sich durchaus lohnen, neue Geschäftsmodelle für die hergestellten Produkte einzuführen. Damit wird sichergestellt, dass an einem Produkt nachhaltiger verdient werden kann und mit großer Wahrscheinlichkeit über den gesamten Lebenszyklus bessere Margen erzielt werden.

### 1.6.4 Design Circular startet mit der Produktidee

Die Idee von Design Circular geht davon aus, dass die Kreislauffähigkeit gewissermaßen unabdingbarer Teil der DNA der Produkte, der Grundidee inhärent sein muss. Das Unternehmen bedenkt von Anfang an, wie der gesamte Lebenszyklus eines Produktes zu beschaffen sein hat, um ihn möglichst lange auszugestalten. Ein weiterer Leitgedanke in Zusammenhang mit Design Circular ist die Umweltverträglichkeit. Bereits bei der Produktidee ist zu überlegen, wie das Produkt entwickelt werden kann, damit seine Öko-Bilanz über den gesamten Lebenszyklus betrachtet positiv ausfällt.

Das würde bedeuten, dass möglichst sortenreine Stoffe (»virgin materials«) in den neuen Entwicklungen verwendet werden. Design Circular stellt nicht bestimmte Materialien in den Vordergrund, sondern versucht, den Wert des Materials zu perennieren. Dies führt dazu, Aktivitäten zu meiden, die das Material abwerten, etwa durch Recycling, bei dem vielfach Materialverluste entstehen. Ziel ist vielmehr, es aufzubereiten und ohne größere Veränderung wieder zu verwenden. Dies sichert nicht zuletzt Arbeitsplätze, bedarf allerdings einer umfassenden Förderung von Kreativität.

Daraus lässt sich schließen, dass die Kreislaufwirtschaft durchaus positive Auswirkungen auf die Beschäftigung hat, wenn der Sprung zu einer Wirtschaft der Wartung,

Reparatur und Wiederaufarbeitung gelingt. Die entstehenden volkswirtschaftlichen Effekte sind nicht zu unterschätzen. Folgerichtig müssen die Unternehmen entsprechende Fachkräfte ausbilden, um spezifische Dienstleistungen effizient anbieten zu können. Sie verstehen es, die Produkte derart zu gestalten, dass eine Weiterverwendung, eine Reparatur, ein Wiederinstandsetzen oder sogar technologisches Hochrüsten von Gütern und Systemen möglich wird, egal, ob es sich dabei um ein Down- oder Upcycling handelt.

### 1.6.5 Design Circular als volkswirtschaftlicher Faktor

> »Was die Beschäftigung anbelangt, so führen die Strategien zur Erhöhung der Ressourcenproduktivität zu insgesamt positiven Nettobeschäftigungseffekten. Der Grund dafür ist, dass Ressourcenschonung im Grundsatz auf einer Substitution von Energie durch Arbeit basiert (Stahel/Reday-Mulvey 1981).«[29]

Steigende Entsorgungs-, Material- und Energiekosten treiben den Dematerialisierungsprozess von Produkten und Prozessen stetig voran. Erhöhen sich zudem die Transportkosten, lohnt es sich immer weniger, die Güter global ohne Unterlass hin und her zu verschieben. Immer mehr Produkte und Materialien werden regional zirkulieren resp. wieder- bzw. weiterverwendet und aufgearbeitet werden. Dadurch werden regional Arbeitsplätze geschaffen, und dies ist nicht nur unter ökologischen Aspekten wirtschaftlicher, sondern auch technologiefördernder.[30]

Der Effekt der Schaffung von Arbeitsplätzen durch die Kreislaufwirtschaft ist nicht offensichtlich, da auf den ersten Blick die Anzahl der Arbeitsplätze in den herstellenden Bereichen, bei Zulieferanten, bei Transporten sowie bei der Entsorgung unter Umständen reduziert wird. Durch die lokale, resp. regionale Ausführung von Reparaturen, aber auch durch die 7-R-Anwendungen (Kapitel 1.7) werden neue Arbeitsplätze in arbeitsintensiven Bereichen der Wiederverwendung und von darauf spezialisierten Zulieferern geschaffen. Die Industrie pocht natürlich darauf, dass für diese Tätigkeiten ausgebildete Fachkräfte zur Verfügung stehen. Die verlängerte Nutzungsdauer der technischen Produkte verlagert die Arbeitsplätze von der Fertigung zur Instandhaltung. Insgesamt werden damit Arbeitsplätze mit höher Qualifizierten belegt werden. Die Hinwendung von der globalen und Stückzahl getriebenen Fertigung zu regionalen und flexibleren Fertigungsprozessen wird trotz verringerter globaler Ressourcenströme tendenziell mittelfristig nicht weniger Arbeitskräfte benötigen als die heutige

29 Stahel, W. R., Reday-Mulvey, G. (1981): Jobs for Tomorrow. The Potential for Substituting Man power for Energy. New York.

30 In Anlehnung an Stahel, W. R. (1987): Das versteckte Innovationspotential. In: Technische Rundschau 19/87. Bern.

lineare Wirtschaft. Besonderes Augenmerk verdienen Arbeitsplätze in Design und Konstruktion, welche die Transformation von der Wegwerfgesellschaft zur Kreislaufwirtschaft mitgestalten.

Das Schadenspotenzial aufgrund der fortwährenden Verschwendung von Ressourcen ist massiv. Daher legitimiert sich ein höherer Arbeitsaufwand für eine zirkuläre Produktentwicklung wirtschaftlich gesehen unbedingt. Diese Arbeit benötigt hochqualifizierte Fachkräfte und kann daher eher nicht automatisiert werden. Theoretisch könnten Reparaturen in Zukunft dank künstlicher Intelligenz und des maschinellen Lernens von Robotern erledigt werden. Die Frage des Programmierungsaufwandes wegen der Vielfalt und Vielzahl der möglichen Fehlerquellen ist allerdings noch enorm. Die Erstellung einer Datenbank möglicher Fehlerursachen, die es Fachkräften bzw. Spezialisten erlaubt, schnell das Problem zu eruieren und einzugreifen, erscheint wahrscheinlicher.

Die in Kapitel 1.10.4 beschriebene Standardisierung von Komponenten hat zwar Rationalisierungspotenzial in der Fertigung. Im Gegensatz dazu sind in der Produktentwicklung solche Effekte durch den erhöhten Initialaufwand kaum zu erwarten. Das könnte bedeuten, dass der Arbeitsaufwand bei der herstellenden Industrie trotz eines verringerten Produktionsausstoßes tendenziell eher ansteigt oder zumindest gleich bleibt. Die möglichen Auswirkungen auf die Arbeitswelt, die in direktem Zusammenhang mit der intensiveren und längerfristigen Nutzung von Produkten stehen, bedürfen einer differenzierten Betrachtung der Arbeitsproduktivität. Im Gegensatz zu den Produkten, die nicht auf Vorrat gefertigt werden, sind Dienstleistungen während 24 Stunden an 365 Tagen verfügbar. Damit wird eine Erhöhung des gesamten Arbeitsaufwandes und insbesondere der Qualifikation der Arbeitnehmenden und der Arbeitgebenden notwendig. Die Strategie der intensiveren Nutzung basiert auf der Werterhaltung der Produkte resp. einer Dienstleistungsstrategie wie die Instandhaltung. Die zwei Ausprägungen verlangen von den Arbeitnehmenden Flexibilität, stärkere Eigenverantwortung sowie entsprechende Fachkompetenzen und Qualifikationen. Daneben erfordert 24-Stunden-Präsenz neue Formen der Arbeitsplatz- und Arbeitsgestaltung, wie sie bisher nur im Dienstleistungssektor wie in Krankenhäusern, Flughäfen, Hotels oder bei der Polizei existiert.

### 1.6.6 Weitblick mit Design Circular

Design Circular heißt auch, über den Tellerrand zu schauen, in andere Industrien, in andere Kulturen. Viele Geschäftsmodelle sind aus einer derartigen Denkweise heraus entstanden und waren für gewisse Produkte bzw. Dienstleistungen disruptiv. Als Beispiel seien die mechanischen Speichermedien des Konsums in der Musikindustrie wie die Festplatte, die CD-ROM oder die DVD genannt. Mit der Einführung von programmierbaren elektronischen Bauteilen waren diese Speichermedien plötzlich nicht mehr gefragt, weil sie von MP3-Playern etc. ersetzt wurden. Diese Hardware wurde wiederum mindestens teilweise durch Streamingdienste wie Spotify abgelöst.

### 1.6.7 Disruptive Innovationen mit Design Circular

Das Adjektiv »disruptiv« hat laut Duden zwei Bedeutungen, die erste »grob gemustert« stammt aus der Biologie, die zweite »(ein Gleichgewicht, ein System o. Ä.) zerstörend« aus der Technologie. Wenn von disruptiven Innovationen in Zusammenhang mit Design Circular gesprochen wird, ergibt sich auf den ersten Blick ein eigentlicher Widerspruch zum Grundprinzip der Kreislaufwirtschaft. Disruptive Innovationen müssen allerdings genau hier ansetzen und bisherige Denkschemata im Sinne der kreativen Zerstörung aufbrechen. Damit Unternehmen sich mit Weitblick solchen Themen widmen können, ist bei der Produktentwicklung sowohl der biologische als auch der technische Kreislauf eines Produktes als geschlossen zu konzipieren. Die Wiederaufbereitung der Komponenten sollte größtenteils lokal/regional erfolgen. Im Prinzip ist dies nichts Neues, war doch der Schuhmacher früher im Dorf. Diese Themen anzugehen, wäre für jeden führenden Hersteller oder Wiederaufbereiter, unabhängig vom Metier, in vieler Hinsicht interessant. Die Vermeidung von Verschwendung könnte für alle sowohl kurz-, mittel- und langfristig gewinnbringend sein.

### 1.6.8 Design Circular ein systemischer Gedanke

Das Verlassen des linearen Weges führt dazu, dass das biologische und das technische System (vgl. Abbildung 10) idealerweise integral beachtet werden müssen, ist dies doch konstitutiv für die Durchsetzung des Design Circular. Die Repräsentanten in Unternehmen und öffentlichen Institutionen müssen sich der Auswirkungen ihres Handelns auf das große Ganze bewusst sein. Der Ausfall von global aufgestellten Lieferanten/Lieferketten, während bspw. einer Pandemie, führt zum Ausfall ganzer Industriezweige. Wären sich Unternehmen und öffentliche Institutionen bewusst gewesen, in welchem Ausmaße ein solcher Ausfall die Bevölkerung und die Wirtschaft treffen kann, würden mit größter Wahrscheinlichkeit Vorkehrungen zur Risikominimierung unternommen.

Design Circular basiert auf einer systemtheoretisch begründeten Denkhaltung. Dieses Bewusstsein, wie es vorgängig am System der Versorgung über globale Lieferketten dargestellt wurde, soll die Denkhaltung innerhalb von Design Circular zeigen. Mit anderen Worten: Design Circular hilft, Ideen vom Ende her und zu Ende zu denken, damit die zukünftig hergestellten Produkte nicht mehr mengen-, sondern zukunftsoptimiert sind.

### 1.6.9 Design Circular als Faktor in der Energiedebatte

Vom industriellen Energieverbrauch werden ungefähr 75% für die Gewinnung und Verarbeitung von Rohstoffen wie Stahl, Zement etc. verwendet und nur 25% der Energie für die Umwandlung der Rohstoffe in Endprodukte.[31] Daraus lässt sich schließen, dass der Einfluss von Design Circular und der Kreislaufwirtschaft ein relevanter Aspekt in der Energiedebatte ist. Die Verlängerung der Nutzungsdauer führt im Umkehrschluss dazu, dass der industrielle Energieverbrauch nicht mehr zur Gewinnung der Rohstoffe eingesetzt, sondern von Facharbeit substituiert wird. Damit generieren Produkte letztlich tiefere Gesamtkosten.

## 1.7 Die »7 R« der Kreislaufwirtschaft

Wie erwähnt, sind die oben formulierten Überlegungen für viele Unternehmen nicht innerhalb kurzer Zeit umsetzbar. Neue Produktentwicklungen sind bereits weit fortgeschritten, einige Produkte wurden neu lanciert, andere als Cashcows bringen viel Umsatz etc. Der Design-Circular-Gedanke schließt diese Produkte nicht aus, ganz im Gegenteil. Hinsichtlich der bestehenden Produkte ist der Fokus anders auszurichten, insofern hier neue Geschäftsmodelle zu konzipieren sind, die das Unternehmen neu definieren kann. Unternehmen entwickeln neue Produkte, die den Kriterien der Kreislaufwirtschaft entsprechen und bestehende Produkte in neue Geschäftsmodelle überführen. Daher wurden die vielfach in der einschlägigen Literatur verwendeten drei R auf sieben erweitert:

1. Reduce = reduzieren
2. Re-use = wieder nutzen
3. Repair = reparieren
4. Re-fit = überholen
5. Re-build = erneuern
6. Re-furbish = aufbereiten, Upcycling
7. Re-cycle = rezyklieren

31 https://www.econstor.eu/bitstream/10419/50304/1/322769876.pdf abgerufen am 21.02.2020.

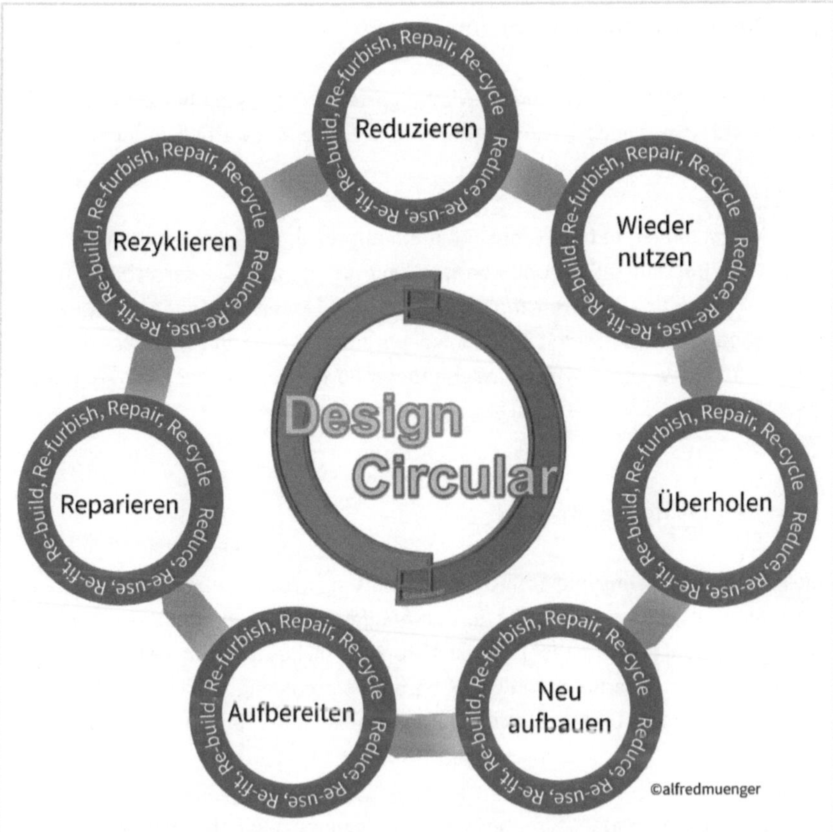


**Abbildung 8:** Die 7-R-Methode

### 1.7.1 Reduce = Reduzieren

Wie in einem Wertanalyse-Projekt wird versucht, möglichst Rohstoffe einzusparen. Wo es sinnvoll ist, werden sie durch alternative Materialien ersetzt.

Beispiele:

- Stanzabfälle, die in einem geschlossenen Kreislauf mit dem Herstellerwerk zirkulieren,
- Angüsse aus der Kunststoffproduktion, die innerhalb der Fertigung wieder gemahlen und unmittelbar mit Neumaterial vermischt werden,
- Konstruktionsmethoden wie die Wabenkonstruktion,
- Substitution von Materialien; Kunststoffe werden ersetzt durch nachwachsende Rohstoffe.

### 1.7.2 Re-use = wieder oder anders nutzen

Die Unternehmen erarbeiten Ideen, wie hergestellte Produkte oder zumindest eine große Anzahl Komponenten wieder oder anders verwendet werden können.

Beispiele:
- Die Matratzenherstellerin »Elite«[32] hat ein ausgeklügeltes System auf einer »Pay-per-Use«-Basis installiert und konnte damit Arbeitsplätze in der Schweiz halten. »Elite« vermietet Matratzen ähnlich wie Autos und arbeitet sie nach einer gewissen Zeit wieder auf. Dass damit Ressourcen geschont werden, liegt auf der Hand.
- PET wird entweder in gleicher oder anderer Form wiederverwendet. Als Beispiel sei hier die Kleidermarke Patagonia genannt.

### 1.7.3 Re-fit = überholen

Viele Produkte sind aufgrund des hohen Anschaffungswertes unbedingt dazu prädestiniert, einen sogenannten »Refit« zu durchlaufen, aber auch günstigen Produkten (mit Betonung auf günstig oder preiswert) könnte solches Refitting nützen. Es ist daher sinnvoll, dass Unternehmen Refit-Programme aufbauen. Dieses Postulat sollten sowohl Konsumenten und Investoren als auch Gesetzgeber fordern und fördern.

Beispiele:
- Schiffe, die ein gewisses Alter besitzen, werden einem Refit unterzogen.
- Schuhe, die einem ans Herz gewachsen sind, können gut ausgebildete Schuhmacher fast in ihren Ursprungszustand versetzen

### 1.7.4 Re-build = Bestehendes neu aufbauen, technologisch aufrüsten

Bestehende Produkte können weiterverwendet werden. Eine Geschäftsmodelländerung bringt dem Unternehmen eine längerfristige Kundenbindung.

Beispiele:
- Viele Lastwagen fahren heute lange Strecken. Der gesamte Aufbau, das Chassis ist meist noch in einem so guten Zustand, dass der Lastwagen ohne größere Probleme einen weiteren Lebenszyklus überstehen würde. Einzig der Motor müsste auf-

32 https://www.elitebeds.ch/fr/ abgerufen am 25.08.2020.

grund der sich ändernden Gesetzgebung ausgetauscht werden. Dies würde dazu führen, dass Motoren überholt und mit neuster Technologie versehen würden. Damit würde der Ressourcenbedarf massiv sinken.

Caterpillar[33] bietet diesen Service für Kunden der firmeneigenen Produkte an und kann ebendiese Kunden langfristig an sich binden.

### 1.7.5 Re-furbish = aufbereiten, Upcycling

Produkte, die im weitesten Sinne, im Produktlebenszyklus am Ende angelangt sind, werden neu aufgebaut resp. einer anderen Nutzung (Upcycling) zugeführt. Die Produkte, die ein Unternehmen herstellt, können unter Umständen ohne größeren Aufwand redesignt resp. einer neuen Nutzung zugeführt werden.

Beispiele:

- Ein Sofa mit entsprechender Geschichte, das viel bedeutet, dessen Überzug in den letzten Jahren freilich stark unter der Nutzung gelitten hat. Sie lassen es von einer spezialisierten Fachkraft erneuern und mit einem neuen Deckmaterial beziehen.
- Typischem Upcycling entspringen Taschen der Firmen Format12 (www.format12.ch) oder Freitag. Das Unternehmen Freitag (www.freitag.ch) stellt Taschen aus ausgedienten Lastwagenplanen her.
- Aus alten Transportpaletten stellt die Firma Rewood (https://rewood.ch) neue Möbel her.

**Abbildung 9:** Upcycling

33 (https://www.cat.com/en_US/products/new/parts/certified-rebuild.html) abgerufen am 18.03.2020.

### 1.7.6 Repair = Reparieren

Eine große Anzahl an Produkten kann heute nur unter (zu) großem Aufwand repariert werden. Daher ist es vernünftig, in der Designphase eines Produktes neben »End-of-Life«-Szenarien gleichermaßen Reparaturmöglichkeiten einzuplanen. Ein Kreislauf ist gewiss möglich. Überdies vermögen Unternehmen Kunden langfristig an sich zu binden. Ein schneller und kompetenter Service ist zweifelsfrei eine zusätzliche Bedingung, damit die Strategie funktioniert. Ein potenziell erfolgreiches Geschäftsmodell, das bereits vorgeschlagen wurde, ist hier ebenfalls »Pay per Use«. Einige Automarken offerieren schon Zehn-Jahres-Garantien. Bei der Reparatur kann je nach Produkt zudem ein Update in Betracht gezogen werden.

### 1.7.7 Recycle = Rezyklieren

Allen Bemühungen zum Trotz bleibt oftmals allein Recycling. Produkte zu rezyklieren ist immer noch besser, als sie definitiv zu entsorgen. Im Rahmen des Produktdesigns kann entlang des Lebenszyklus vieles eingeplant werden. Bei bestehenden Produkten besteht eine größere Herausforderung, wie Unternehmen den Lebenszyklus der hergestellten Produkte verlängern oder verändern können.

Das Geschäft der Wiederaufbereitung verspricht sowohl kurzfristige als auch langfristige Erfolge. Anbieter stehen in direktem Kontakt mit ihren Kunden. Die Rücknahme eines wartungs- oder reparaturbedürftigen Produkts bietet den Unternehmen auf kurze Sicht die Möglichkeit, die Kundenbedürfnisse besser zu verstehen, die Produkte zu optimieren und zudem den Kundinnen und Kunden mit neuen, zusätzlichen Dienstleistungen zu helfen. Auf lange Sicht sinken aufgrund der Kundennähe finanzielle Risiken, da jeder Rückkoppelungskreis vor dem Recycling resp. vor der definitiven Entsorgung erleichtert, die Ressourcenbestände zu kontrollieren. Dank der höheren Kundenbindung und der besseren Kontrolle über die vorhandenen Ressourcen kann die Resilienz des Unternehmens gestärkt werden.

## 1.8 Der globale Werkplatz ein Auslaufmodell?

Die Unternehmen müssen sich wieder vermehrt auf die Bedürfnisse der Kunden ausrichten. Sie sollen nur produzieren, was wirklich gefragt ist. Alle Aktivitäten sind in Ausgestaltung nach den Nachfragerinnen und Nachfragern auszurichten. Die heute zentralisierten Produktionsstandorte sollten in agile Einheiten gruppiert werden, die lokalen Bedürfnissen entsprechen. Innovative Technologien zum einen, neue Geschäftsmodelle zum anderen sind dergestalt einzusetzen, dass die nachgefragten Produkte vermehrt lokal hergestellt werden. Kurze Wege bringen nicht nur vielfältige

Vorteile, sondern senken die vom Transport verursachten Emissionen. Eine Option wäre, Partnerschaften zwischen lokalen Dienstleistern aufzubauen, die bspw. über die notwendige Infrastruktur für die Produktion eines Gutes verfügen. Durchzusetzen ist dies primär sicherlich nur in entwickelten Märkten.

Für Schwellenländer, in denen oft dringender Bedarf nach Arbeitsplätzen besteht, könnte eine Strategie der realen Wertschöpfung durch die Herstellung lokal nachgefragter Produkte ein Weg aus der Armut bedeuten. Dabei müsste der Umweg über eine ähnliche Strategie führen, wie sie in den Anfängen des chinesischen Wirtschaftswunders unter Deng Xiaoping Anfang der 1980er-Jahre beschlossen wurde. Sie gipfelte in der Einführung von Sonderwirtschaftszonen und am 14. Parteitag im Herbst 1992, der die Absichtserklärung formulierte, das Land in die soziale Marktwirtschaft zu führen.

Aus dieser Sicht ist das heutige Modell der »Weltfabrik« bereits veraltet. Moderne Produktionstechnologien wie der 3-D-Druck oder die konsequente Anwendung des Datenaustausches zwischen Fabrikationsstätten, die weltweit gleiche Produktionsmaschinen nutzen, limitieren den Ressourcenverbrauch, da bspw. nur genau die notwendige Menge vor Ort produziert wird. Im Umkehrschluss bedeutet dies eine Abkehr von der niederwertigen und hochbedarfsorientierten Produktionswelt hin zur agilen Ein-Stück-Produktion. Im weitesten Sinne konstituiert sich seit Längerem eine individualisierte Massenfertigung.

Als Beispiel gilt das sogenannte Re-Shoring. Einige deutsche Unternehmen, darunter Stihl, Rowenta und Märklin,[34] haben die Fertigung aus Billiglohn-Ländern zurücktransferiert. Neue Fertigungstechnologie und steigende Löhne in den vormaligen Produktionsländern sind die Gründe.

Der Computerhersteller DELL nutzt sogenanntes »Mass Customization«.[35] Komponenten werden in Massenfertigung her- und bedarfsgerecht zusammengestellt. Das gleiche Prinzip wird in der Automobilindustrie angewendet, wenn die Kunden ihr eigenes Auto aus den verschiedenen Optionen zusammenbauen. Ebenso verfährt Apple.

Wo könnte dieses ebenfalls appliziert werden? Zu denken ist etwa an die Bekleidungsindustrie. Eine Boutique verfügt im Normalfall über ein beschränktes Sortiment an

34 https://www.trendreport.de/reshoring-gelingt-aber-nur-mit-einer-digitalen-fertigungsstrategie/ abgerufen am 13.04.2021

35 »Mass Customization (kundenindividuelle Massenproduktion) ist die Produktion von Gütern und Leistungen für einen (relativ) großen Absatzmarkt, welche die unterschiedlichen Bedürfnisse jedes einzelnen Nachfragers dieser Produkte treffen, zu Kosten, die ungefähr denen einer massenhaften Fertigung vergleichbarer Standardgüter entsprechen. Die Informationen, die im Zuge des Individualisierungsprozesses erhoben werden, dienen dem Aufbau einer dauerhaften, individuellen Beziehung zu jedem Abnehmer« PILLER, Frank Thomas (Hrsg.): Kundenindividuelle Massenproduktion : Die Wettbewerbsstrategie der Zukunft. München : Hanser, 1998.

Größen. Damit sie immer liefern kann, könnte ein Service angeboten werden, der das gewünschte Produkt in der geforderten Größe innerhalb weniger Tage für den Verkauf bereitstellt. Dies würde ein engmaschiges Produktionsnetz mit konsequenter Vernetzung mit den Verkaufsstellen und entsprechender Produktionskapazität erfordern. Man könnte sich ebenso vorstellen, dass sich Boutiquen mit gleichem Sortiment an solchen Produktionsstätten beteiligen.

Die Kleider hätten folgende Vorteile:

a) Kundin/Kunde kann die Ware physisch betrachten und auswählen;
b) Farbe und Masse werden dem Kunden angepasst;
c) Kunden erhalten die gewünschten Produkte vor Ort;
d) Fertigung der Produkte lokal;
e) die Boutique hat nicht unnötig Ware auf Lager und damit weniger gebundenes Kapital.

Das Kleiderunternehmen Zara arbeitet schon seit Jahren in dieser Art und kauft einen großen Teil der Stoffe ungefärbt. Es liegt auf der Hand, dass auf Änderungen in den Kundenpräferenzen unmittelbar reagiert werden kann. Dieses Vorgehen wurde 2006 von Pankaj Ghemawat und José Luis Nueno (Harvard Business Review) in ihrem Artikel »Zara: Fast Fashion« beschrieben. Das Produkt wird quasi »just in time« gefertigt. Die einzige Problematik liegt darin, dass der Kunde die Ware wie beim Onlinekauf nicht sofort mitnehmen kann. Allerdings würde sich innovativen Kleiderherstellern die Möglichkeit bieten, rasch und unkompliziert auf Kundenbedürfnisse einzugehen.

## 1.9 Geschäftsmodelle

Die neu zu definierenden Geschäftsmodelle müssen sowohl von der Nachfrage- als auch von der Anbieterseite her erarbeitet werden. Erst dadurch wird sich die Kreislaufwirtschaft etablieren. Diese neuen Modelle werden das Fundament für eine neue kollaborative Nutzung der physischen Ressourcen legen und damit die Voraussetzungen schaffen, den bisherigen linearen Weg zu verlassen sowie die Entwicklung in Richtung Kreislaufwirtschaft vorantreiben. Dabei sollen nicht nur die drei bisherigen Säulen der Nachhaltigkeit (die soziale, die ökonomische und die ökologische) tragen, sondern, wie im Konzept Design Circular vorgesehen, zusätzlich diejenige der unabdingbaren Technologie.

### 1.9.1 Nachhaltigkeit als Geschäftsmodell

Dass Nachhaltigkeit und langlebige Produkte nicht schlecht für das Geschäft sein müssen, beweisen Unternehmen wie USM (www.usm.com), Victorinox (www.victorinox.com)

usw. Diese Unternehmen entwickeln sich in ihren Märkten ständig weiter und erobern neue Marktsegmente. Victorinox baut das Kerngeschäft mit speziellen Messern aus oder wagt sich in andere Märkte wie Uhren, Reisegepäck und Bekleidung. USM bietet nicht mehr nur klassische Büroeinrichtungen an, sondern ganze Möblierungskonzepte.

### 1.9.2 Sharing Economy

In Zukunft müssen neue Geschäftsmodelle einen besseren Zugang zu Materialien, Komponenten sowie Produkten im Nachgang ihrer ursprünglichen Nutzung gewährleisten. Dies gilt auch für die Phasen während und innerhalb der Post-Nutzungsschleifen. Diese Geschäftsmodell-Innovationen sind dafür entscheidend, dass der Grundsatz der Kreislaufwirtschaft vermehrt geschäfts- und branchenübergreifend angewandt wird. Darüber hinaus müssen die Konsumenten selbstredend die entsprechenden Ideen akzeptieren und ihr Verhalten daran orientieren. Exemplarisch funktioniert Sharing Economy.

Design Circular unterstützt die Ausarbeitung neuer Modelle, die gleichzeitig neue Einkommensquellen abschöpfen. In Zusammenarbeit zwischen Gesetzgeber und Unternehmen sind solche neuartigen Businessansätze auszuarbeiten:

- Zugang wichtiger als Eigentum (access over ownership); d.h., nur bezahlen, was gebraucht wird (Waschsalon-Prinzip); gemeinsame Nutzung bspw. von Büroräumlichkeiten oder Parkplätzen
- Rücknahmesysteme wie Mehrweggebinde
- Vermietung oder Leasing von Geräten, Maschinen, Fortbewegungsmitteln etc.

Die Voraussetzungen im Bereich der Rücknahme-, Vermiet- und Leasingmodelle sind Langlebigkeit und höhere Qualitätsanforderungen. Folglich können die kostenintensiveren Güter mit erhöhter Langlebigkeit länger zum Unternehmenserfolg beitragen, ganz zu schweigen von neuen und/oder zusätzlichen Dienstleistungen.

Wie die Modelle von Hilti (Flottenmanagement)[36] und Elite (Matratzen)[37] zeigen, stehen die Produkte dem Verbraucher unmittelbar und ohne größere Investitionen zur Verfügung, ein unmittelbarer Cash-out erfolgt.

36 https://www.hilti.ch/content/hilti/E3/CH/de/services/tool-services/elektrowerkzeuge-flottenmanagement.html abgerufen am 25.04.2020.

37 https://www.elitebeds.ch/de/ abgerufen am 25.04.2020.

Die »Young Global Leader«-Arbeitsgruppe eines Forums zu »The Sharing Economy«[38] hat Kriterien für eine gemeinsame Nutzung erfasst. Geeignet dazu sind Güter,

- die leicht zu teilen und/oder zu verteilen sind. Dies ist bspw. bei Räumen oder Fähigkeiten der Fall;
- die über eine hohe Leerlaufkapazität, d. h. eine geringe Nutzungshäufigkeit verfügen, z. B. Autos oder freie Räume (Gewerbe- und Wohnräume);
- die mit einem hohen Prozentsatz der Einnahmen/Ausgaben korrelieren oder deren vollständiger Besitz (zu) teuer ist, etwa Zentralheizungen, Sonnenkollektoren oder Luxusgüter. Die gemeinsame Nutzung beruht auf Kosteneinsparungen und/oder Einkommensbeschränkungen;
- die beim Nutzer schnell obsolet werden, z. B. Babykleider oder ein Kinderwagen;
- die keinen Nachfrage- oder Angebotsbeschränkungen unterworfen sind oder deren Markterlös aufgrund der Tatsache steigt, dass sie geteilt werden, bspw. Musik auf einer Streaming-Plattform.

Damit Sharing Economy funktioniert ist ein Umdenken der Menschen notwendig. Dies würde aber bedeuten, dass erkannt wird, dass Besitz von Gegenständen nicht mehr wichtig ist, sondern deren Gebrauch.

## 1.10 Lösungsansätze

Design Circular beginnt nicht allein beim Produkt, sondern bei der Neuausrichtung des Unternehmens. Angefangen mit einer angestrebten Umstellung auf die Kreislaufwirtschaft, muss das Unternehmen seine Strategie in Richtung eines nachhaltigen Wirtschaftens umgestalten und sich Klarheit über mögliche Disruptoren und neue Geschäftsmodelle verschaffen.

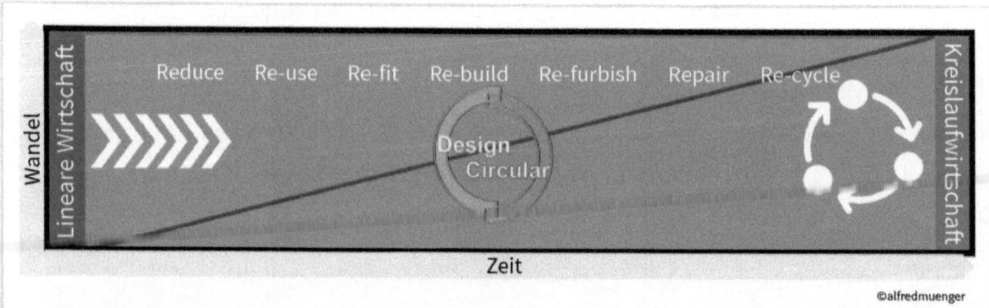


**Abbildung 10:** Wandel zur Kreislaufwirtschaft[39]

38 World Economic Forum's Young Global Leaders Sharing Economy Working Group, Position paper, 2013.
39 Eigene Darstellung des Wandels von der linearen zur Kreislaufwirtschaft.

Idealerweise zirkulieren ganze Produkte oder Produktbestandteile innerhalb des Wirtschaftskreislaufs. Dies ist aber nur möglich, wenn alle Akteure entlang der Nutzerkette berücksichtigt werden. Ein Unternehmen sollte Überlegungen anstellen, welche Vorkehrungen entlang der aktuellen Supply Chain notwendigerweise zu treffen sind, um zu profitieren. Es geht dennoch nicht nur um Produkte, die neu entwickelt werden. Ebenfalls ins Kalkül zu ziehen sind existente Produkte. Folgende lösungsorientierte Reflexionen basieren auf Veröffentlichungen u. a. der Ellen McArthur Foundation und anderer Institutionen der Forschung.

### 1.10.1 Sortenreine Materialien

Der Gebrauch von reinen Materialien und ihre Verwaltung entlang der globalen Lieferketten sowie branchenübergreifend würde absichern, dass die Materialien über mehrstufige Reverse Cycles weiterverwendet werden könnten. Dazu müsste eine Materialdatenbank aufgebaut werden, die über Verwendung und Verfügbarkeit der Stoffe stets auf neuestem Stand informiert. Die existierenden Materialflüsse würden dieserart reorganisiert, mithin rationalisiert. Übergreifend betrachtet repräsentieren die verwendeten Materialien den größten gemeinsamen Nenner zwischen den Branchen.

Die bestehenden Hindernisse, welche die Ausweitung der Kreislaufwirtschaft über Lieferketten hinaus hemmen, könnten abgebaut werden und essentiell dazu beitragen, den Kreislauf geographisch und qualitativ zu schließen. Damit wäre der Weg frei, die nachgerade eingerasteten Denkstrukturen der linearen Wirtschaft zu deblockieren. Eine Reihe Initiativen ist diesbezüglich bereits lanciert, darunter die ausgenommen interessante der EPEA in Hamburg, die einen Katalog mit definierten Nutzungsszenarien für Produkte und Materialien erstellt hat.[40]

### 1.10.2 Produktdesign

Wie im vorangegangenen Abschnitt aufgezeigt, ist die Verwendung reiner Materialien technologisch nicht immer möglich. Daher wird es unabdingbar sein, die Anzahl der Komponenten in den Materialien zu reduzieren oder neue zu entwickeln, die mit wenig Aufwand in die Ursprungskomponenten zerlegbar sind. Ein interessanter Ansatz wäre, Scheideverfahren, wie sie bei Edelmetallen angewendet werden, weiterzuentwickeln. Beim Produktdesign sollten, wie mehrmals betont, die Weiter- und Wiederverwendung im Vordergrund stehen. Auf diese Weise könnten geschlossene Kreisläufe

40 https://epea-hamburg.com/ abgerufen am 02.03.2020.

auf globaler Ebene etabliert und ihr volles Potenzial ausgeschöpft werden. Die kontinuierliche Verbesserung der Wertschöpfung und die Kostenreduzierung sprechen auf den ersten Blick eigentlich gegen Design Circular. Werden jedoch höherwertige Materialien genutzt, die länger in den bisherigen Materialströmen bleiben oder in einem erweiterten Spektrum Verwendung finden, werden die Produkt-/Materialströme (mehrfach) valorisiert, was hinwiederum längerfristig zweifelsohne Kosten senkt.

### 1.10.3 Produktverantwortung

Im Branchenbild der deutschen Kreislaufwirtschaft wird Produktverantwortung wie folgt kommentiert:

> »Die Produzenten und der Handel sollen auf der Grundlage der erweiterten Produktverantwortung ihre Produkte so gestalten, dass die Entstehung von Abfällen vermindert, die Wiederverwendung und Recyclingfähigkeit des Produktes beziehungsweise einzelner Komponenten ermöglicht und die umweltverträgliche Beseitigung der Reststoffe sichergestellt wird. Die Verantwortung für die Rücknahme und Rückführung beispielsweise von Verpackungen ist den dualen Systemen übertragen worden.[41]«

Unternehmen, die Verantwortung für ihre Produkte übernehmen und sie von Anfang an kreislauffähig gestalten, können sie einfacher in den weiteren Verwendungskreislauf integrieren.

### 1.10.4 Standardisierung

Die Wiederverwendung von Gütern und Rohstoffen erfordert eine möglichst hohe Standardisierung. Design Circular will weitestgehend Standardprodukte nutzen bzw. neue Standards setzen. Die konsequente Modulbauweise mit standardisierten Komponenten, wie sie beispielsweise der Automobilhersteller Toyota seit Jahren anwendet, erlangt dank der Normierung der Komponenten und Produkte höhere Skalenerträge in der Herstellung. Würden die verwendeten Güter zudem auf langfristige Nutzung ausgelegt, würde dies einerseits Mehraufwand in der Design-, Entwicklungs- und Konstruktionsphase bedeuten; andererseits würden die Kosten durch den langfristig geplanten Einsatz der Komponenten und Produkte im Materialkreislauf reduziert, was nicht zuletzt tieferen Preisen im Einkauf zu verdanken ist.

41 https://www.vdma.org/documents/105628/6872272/Z_Branchenbild%20der%20deutschen%20Kreislaufwirtschft.pdf/80805e8f-dfd3-4f3b-aae8-d2b3a44d1349 abgerufen am 06.08.2020.

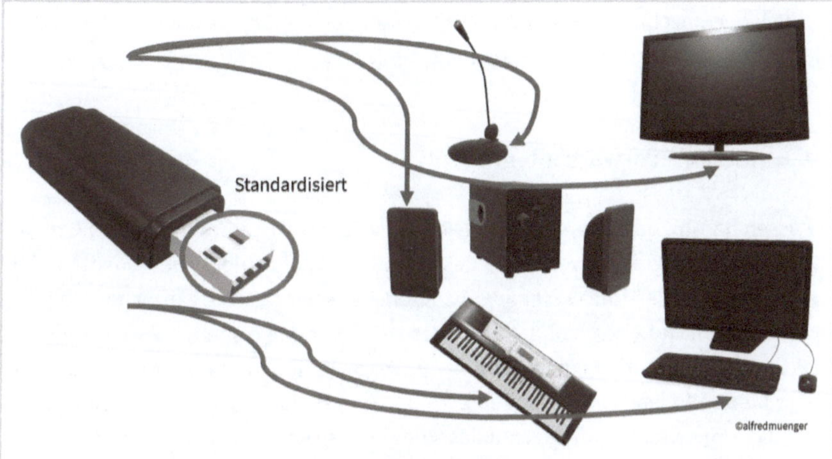


**Abbildung 11:** USB-Stecker als Beispiel für die Standardisierung

### 1.10.5 Netzwerkdesign

Die bestehenden globalen Lieferketten sollen in geschlossene Kreisläufe überführt werden. Dies würde bedingen, dass Produkte zur Aufbereitung in ihre Herkunftsländer zurückgeführt würden. Aus vielerlei Hinsicht ist solches Tun wenig sinnvoll, müsste doch die Wiederaufbereitung resp. die Wertsteigerung lokal vonstattengehen. Wiederaufbereitungshubs könnten dort entstehen, wo der momentan größte Bedarf an entsprechenden Produkten ist. Diese Wiederaufbereitung müsste sicherstellen, dass neueste Technologie verwendet wird und ökologische Bedenken berücksichtigt werden.

Ein Szenario könnte sein: Produkte (bspw. Fahrzeuge), die durch neuere Generationen ersetzt wurden, werden überarbeitet und vom Hersteller technisch auf (fast) neuestem Stand umgebaut und kostengünstiger zur Weiterverwendung in einem anderen Markt angeboten.

Basis dafür ist der Aufbau spezialisierter Wiederaufbereitungsstationen für Produkte und Komponenten, was wiederum die Reorganisation der Materialflüsse, auch der rückwärtsgerichteten, voraussetzt. Design Circular spricht daher nicht von rückwärts, sondern von vorwärts gerichteten Netzwerken, nämlich denjenigen zur Wieder- und Weiterverwendung der Produkte und Komponenten. Dies macht die enge Zusammenarbeit der Unternehmen entlang der Wertschöpfungsketten, zwischen den Herstellern und den angrenzenden resp. der kaskadierenden Aktivitäten unumgänglich.

Der Schwerpunkt liegt auf dem Aufbau von Kapazitäten für diese künftige Vorwärtsintegration der Güter. Herausfordernd wird sein, die bis dato hohe geografische

Streuung der einzelnen Produktionsschritte entsprechend zu reduzieren, was im Umkehrschluss vermehrte lokale Herstellung impliziert.

### 1.10.6 Globale Vorwärtsintegration

Im Wissen darum, dass die Welt von Reverse Cycles spricht, wird mit Design Circular eine Vorwärtsintegration versucht. Bestehende Produkte und Komponenten sind grundsätzlich wieder- und weiterzuverwenden. Damit werden die gänzlichen Möglichkeiten der Kreislaufwirtschaft genutzt, was weit über das bisherige Verständnis des Recyclings von Altstoffen hinausgeht. In der Vergangenheit hat man komplexe mehrstufige Inbound-Lieferantennetzwerke kreiert und sie harmonisiert. Design Circular verfolgt die identische Strategie, nur dass die gleichen Anstrengungen der Wieder-und Weiterverwendung gelten, womit sich die Wertschöpfungsströme nach der Nutzung über mehrere Integrationspartner verteilen.

Dafür müssen hingegen die Ausgangsprodukte und Komponenten von weit höherer Qualität sein als heute. Wer baut denn schon gerne etwas ein, was in der Vergangenheit nicht zuverlässig war? Gelingt es, die Voraussetzungen hierfür zu schaffen, können Ressourcen in gigantischem Ausmaß eingespart werden. Die Ellen McArthur Foundation hat im 2014 veröffentlichten WEF Report »Towards the Circular Economy: Accelerating the scale-up across global supply chains« am Beispiel der Stromversorgung einer Bohrmaschine aufgezeigt.[42] Damit das Vorgehen erfolgreich umgesetzt werden kann, sind qualitativ hochstehende und zuverlässige Komponenten und Produkte notwendig, weil sich für sie der Aufwand der Demontage und Wiederaufbereitung lohnt. Ebenso muss daraus mindestens auf lange Frist ein Kostenvorteil für die herstellenden Unternehmen resultieren; ansonsten wird wie bis dato das einfachste Vorgehen gewählt: die Komponenten und Produkte mit entsprechenden Verlusten zu rezyklieren.

### 1.10.7 Akteure der Vorwärtsintegration

Design Circular empfiehlt Demontage und Wiederaufbereitung, wobei mit den relevanten internen und externen Anspruchsgruppen intelligente Lösungen zu entwickeln sind. In anderen Worten: Abteilungen wie Forschung & Entwicklung, Beschaffung sowie Marketing & Vertrieb haben funktionsübergreifend eingebunden zu sein. Ebenfalls miteinzubeziehen sind die Akteure des gesamten lieferantenübergreifenden Netzes: Lieferanten, Auftragnehmer, Recycling- und Logistiklieferanten sowie branchenübergreifende Akteure.

42 https://reports.weforum.org/toward-the-circular-economy-accelerating-the-scale-up-across-global-supply-chains/ abgerufen am 15.03.2020.

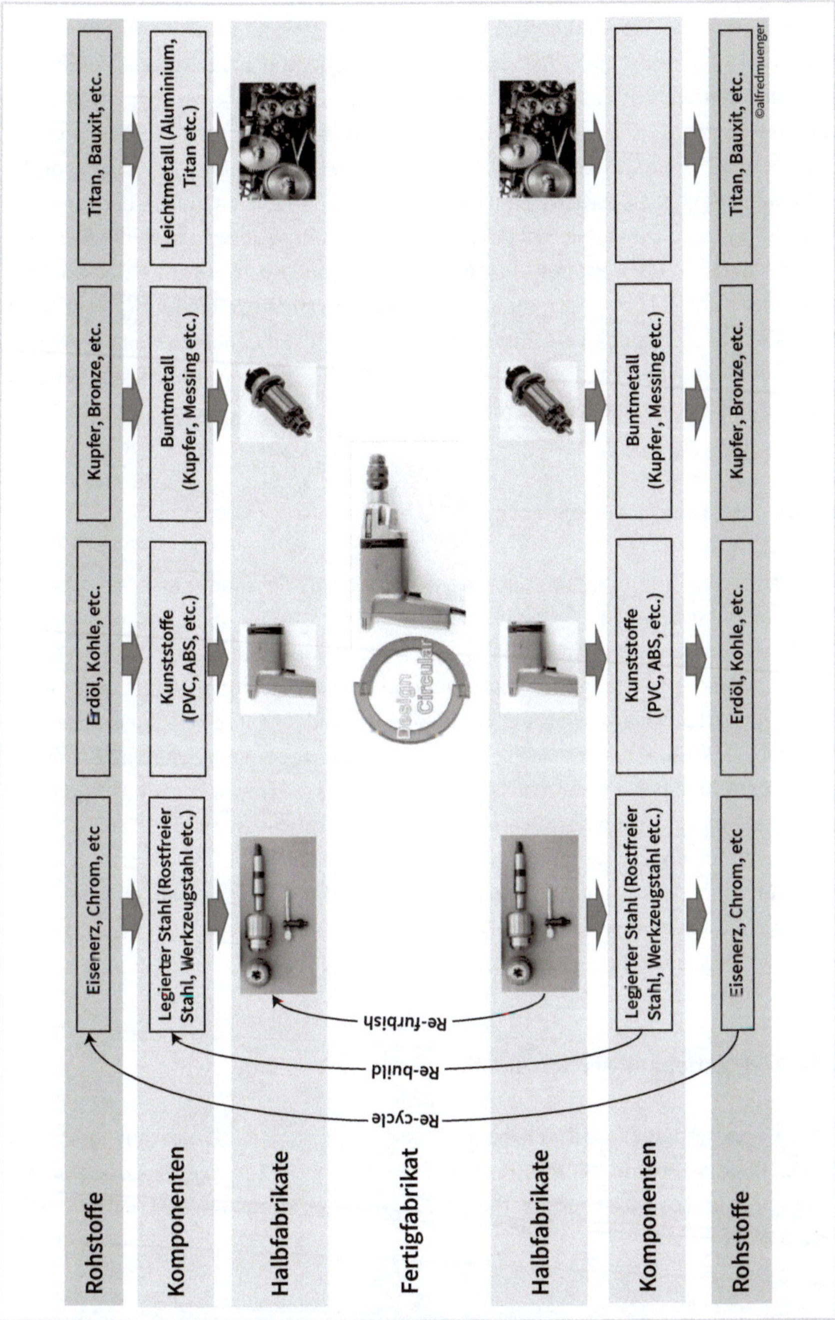


**Abbildung 12:** Die 7R als Beispiel für die Vorwärtsintegration[43]

43 Eigene Darstellung in Anlehnung an: Towards Circular Economy Vol. 3, 2013 Ellen MacArthur Foundation.

Der resultierende Aktionsplan soll die wirkungsvollsten und pragmatischsten Konzepte und Wege aufzeigen, die Lösungen zu implementieren. Die Mobilisierung der Anspruchsgruppen ist eine enorme Herausforderung. Wie ist eine gemeinsame vereinbarte Faktenbasis zu schaffen, woraus eine Win-win-Situation für alle, auch die Natur, entsteht? Die Voraussetzungen dafür sind die Schulung und der Aufbau von Fähigkeiten, damit alle Beteiligten mit den Konzepten und Anwendungen der Kreislaufwirtschaft vertraut sind. Mit Sicherheit würde die weitere Verwendung der Produkte gefördert, wenn jedes Produkt bspw. nach GS1-Standards[44] mittels einer Nummer oder aber durch die Anwendung der Blockchain-Technologie eindeutig identifizierbar wäre. Dadurch können die Produkte bestimmt und auf denkbare weitere Verwendungszwecke hin untersucht werden. Bedingung wäre aber, dass die Informationen in einer Produktbibliothek der Unternehmen enthalten sind.

### 1.10.8 Business Re-Engineering

Beschreitet das Unternehmen den Weg der Kreislaufwirtschaft, muss es unter Umständen die bestehenden Geschäftsmodelle radikal verändern. Die Ausrichtung des Unternehmens auf die Zukunft hat strukturelle Veränderungen zur Folge. Verwaltungsrat, Geschäftsleitung und Mitarbeitende müssen sich den Herausforderungen stellen und kreativ werden bzw. agieren. Eine Methodik könnte sein, dass das Unternehmen einen Beirat besitzt, der sich nicht (nur) aus erfahrenen Personen zusammensetzt, sondern gleichermaßen aus jungen Menschen unterschiedlicher Kulturen und Bildungsniveaus. Das mit der Diversität einhergehende Kreativitätspotenzial wird oftmals nicht nur von Unternehmen unterschätzt bzw. liegt brach. Voraussetzung hierfür ist dahingegen, dass das Unternehmen sich offen zeigt, außergewöhnliche Ideen und Entwürfe zu akzeptieren und generierte Ideen nicht einfach mit dem Argument des fehlenden Return-on-Investment ad acta legt.

### 1.10.9 Plasticbank als Beispiel für eine E-Waste-Bank

Die 2013 gegründete Plasticbank (https://plasticbank.com) mit Projekten u. a. in Indonesien, Philippinen und Tahiti sammelt Plastikabfälle. Die Sammlerinnen und Sammler erhalten im Austausch für Plastikmüll Bargeld oder Strom, um ihre Handys, oft ihr

44 https://www.gs1.org/standards »In a world of growing data, GS1 standards help you single out what really matters. They give you a common language to identify, capture and share supply chain data– ensuring important information is accessible, accurate and easy to understand«. Abgerufen am 15.06.2020.

einziges Kommunikationsmittel, aufzuladen. Sie können den Müll auch gegen Kohlebriketts und Öfen für die Zubereitung ihrer Mahlzeiten eintauschen. Diese Idee könnte für E-Schrott adaptiert werden. Mithilfe der Hersteller von elektrischen und elektronischen Produkten könnte der Aufbau entsprechender Sammelstationen gefördert werden. Mit diesen Sammelstationen könnte wiederum ein Teil des zu 80 % nicht fachgerecht entsorgten E-Schrottes in die richtigen Kanäle gelenkt werden. Alleine 2019 wurden laut Counterpoint-Research[45] weltweit rund 1,4 Milliarden Smartphones und laut Statista rund 550 Millionen Haushaltgeräte[46] verkauft.

Die finanzielle Initialzündung zur Gründung einer E-Waste-Bank könnte nunmehr sein, dass während fünf Jahren die Verkäufe dieser Geräte mit bspw. 10 Cent USD belastet werden. Innerhalb dieser fünf Jahre könnte ein Fonds mit rund 1 Mia. USD gebildet werden, der zur Unterstützung der Rückgewinnung dieser wichtigen Sekundärrohstoffe eingesetzt wird. Der von Design Circular vorgeschlagene Fonds müsste international zusammengesetzt sein und idealerweise unter der Schirmherrschaft der Weltbank oder der UNO im Rahmen der Agenda 2030 stehen. Eine weitere Möglichkeit wäre, die Idee in die im Rahmen der »Basel Convention« bereits 2002 erarbeiteten Programme »Mobile Phone Partnership Initiative« und in das seit 2008 existierende Programm »Partnership for Action on Computing Equipment« zu integrieren. Im 2019 veröffentlichten »Follow-up partnership to the Partnership for Action on Computing Equipment« steht:

> »For these reasons, the Parties recognized that there is an urgent need to bring action on the ground and to involve more industries, donors and other stakeholders in the implementation of concrete activities at the international, regional and local levels. An action oriented approach is the guiding principle of the work programme of the new Partnership.«[47]

Das Schließen der Kreisläufe im Bereich des E-Schrottes (E-Waste) scheint umso dringlicher auf dem Hintergrund der weiteren Beschleunigung der Digitalisierung und der steigenden Anzahl an Geräten, die mit dem Internet verbunden werden (Internet of Things, IOT).

45 https://www.counterpointresearch.com/global-smartphone-share/ abgerufen am 31.07.2020.
46 https://www.statista.com/topics/1068/home-appliances/ abgerufen am 15.02.2020.
47 http://www.basel.int/Implementation/TechnicalAssistance/Partnerships/FollowuptoPACE/tabid/8089/Default.aspx abgerufen am 05.08.2020.

Nachfolgende Zahlen für die Schweiz zeigen, dass hier Potenzial vorhanden ist. Die Schweiz kann, dank hoher Recyclingquoten, eine Vorreiterrolle beim Aufbau der E-Waste-Bank übernehmen.

| Jahr | Elektrogroß-gerät | Kühl-, Gefrier- und Klimageräte | Elektroklein-geräte | Elektronik-geräte | Leucht-mittel | Photovoltaik | Nicht-VREG-Geräte | Total Tonnen/Jahr |
|---|---|---|---|---|---|---|---|---|
| 2010 | 30700 | 15900 | 15400 | 50700 | 1130 | | 3500 | 117400 |
| 2011 | 27800 | 16800 | 16300 | 51300 | 1110 | | 5200 | 118500 |
| 2012 | 30300 | 17500 | 18800 | 55500 | 960 | | 6000 | 129100 |
| 2013 | 30600 | 16700 | 22300 | 53200 | 1100 | | 4000 | 127900 |
| 2014 | 29400 | 17200 | 23900 | 52000 | 1100 | | 3000 | 126600 |
| 2015 | 32900 | 18100 | 25000 | 51900 | 1100 | 100 | 3000 | 132100 |
| 2016 | 32500 | 19200 | 27900 | 49000 | 1100 | 100 | 1900 | 131800 |
| 2017 | 28100 | 19400 | 26700 | 46000 | 970 | 300 | 1300 | 122800 |
| 2018 | 34200 | 19900 | 27600 | 41900 | 1100 | 300 | 1000 | 125900 |
| 2019 | 35800 | 19900 | 28700 | 41000 | 1000 | 300 | 1000 | 127600 |

Quelle: https://www.swico.ch/media/filer_public/87/3b/873b2c79-1c8d-425f-8559-9ff8487233de/201005_se_fachbericht_2020_de_3.pdf

**Abbildung 13:** Total verarbeitete elektrische und elektronische Geräte in der Schweiz[48]

## 1.10.10 Zweckgebundene Fonds zur Förderung der Kreislaufwirtschaft

In Abschnitt 3 wurde der im Vergleich zu den rezyklierten Rohstoffen zu tiefe Preis neuer Rohstoffe resp. die hohen Kosten des Recyclings erwähnt. Nachhaltig denkende Unternehmen sollten eingedenk dessen abwägen, wie und in welcher Form rezykliertes Material trotzdem effektiv und effizient verwendet werden kann. Eine Möglichkeit wäre, Neumaterial mit einer zweckgebundenen Gebühr in der Höhe der Differenz zwischen Alt- zu Neumaterial zu belasten. (Ähnliches wird in der Schweiz zum Schutze einheimischer Produktion in der Landwirtschaft angewendet.) Da diese Maßnahme mit großer Wahrscheinlichkeit nicht von der verarbeitenden Industrie selbst erhoben wird, müssten staatliche Institutionen, im besten Fall international koordiniert, lenkend eingreifen. Diese Gebühr sollte in einen zweckgebundenen Fonds zur Förderung der Kreislaufwirtschaft fließen.

48 https://www.swico.ch/de/recycling/grundlagen/fachbericht/#fachbericht-2020 abgerufen am 15.04.2021

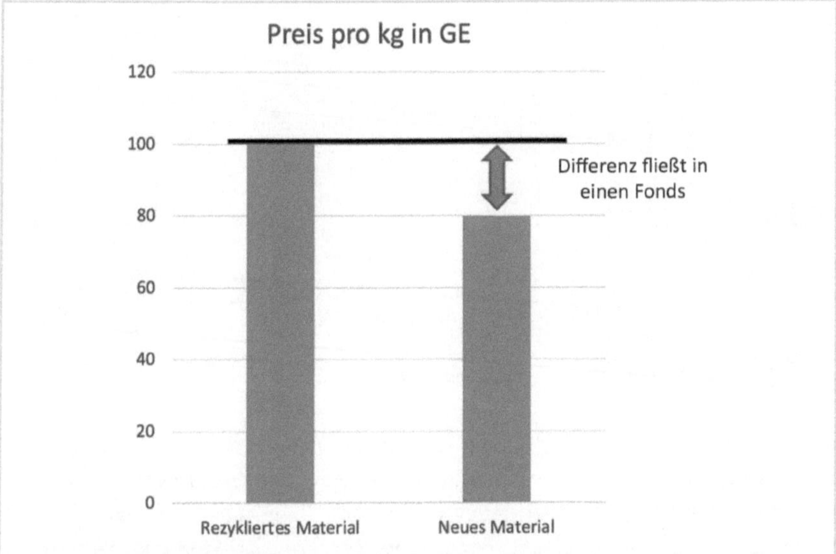


**Abbildung 14:** Fonds Preisdifferenz[49]

## 1.11 Falsche Anreize

Die Kreislaufwirtschaft kann zu falschen Anreizen führen. Ein Beispiel sind etwa Holzschnitzelheizungen: Erfolgt auf dem Markt eine Verknappung des Brennstoffes Holz, kann dies unkontrollierte Abholzungen oder wenig nachhaltige Holzimporte provozieren. Diese staatliche Subventionierung von Biomasse für Biokraftstoffe könnte zudem sogenannte Moral Hazards fördern, sodass die Bau- oder Möbelindustrie unter fehlenden Holzressourcen zu leiden hätten.

Jede neue Entwicklung verbraucht unweigerlich neue Ressourcen. Es gilt daher, den Rebound-Effekt im Auge zu behalten. Dieser verursacht einen Anstieg des Energieverbrauchs aufgrund einer Effizienzsteigerung, aber auch einen Nachfragesog aufgrund vergünstigter Angebote. Dies wiederum erhöht den Energiekonsum, denn wegen des veränderten Verhaltens der Verbraucher wird schlicht keine Energie eingespart. Ein Golf GTI-Automotor der ersten Generation mit 1800 ccm und 82 kW Leistung verbrauchte durchschnittliche 10,5 Liter Superbenzin auf 100 km und hatte ein Leergewicht von 805 kg. Dagegen braucht heute ein 1240 kg schwerer Golf 8 mit 150 PS/110 kW 6,2 Liter auf 100 km.[50] Bei heute 50 % höherem Leergewicht verbraucht der neue Golf nur etwa 60 % der ursprünglichen Kraftstoffmenge. Daher wird nicht weniger Auto gefahren, diese sind jedoch schwerer geworden (bspw. SUV).

49 Eigene Darstellung.
50 https://www.volkswagen.ch/de/modelle/golf.html#konfigurator abgerufen am 20.03.2020.

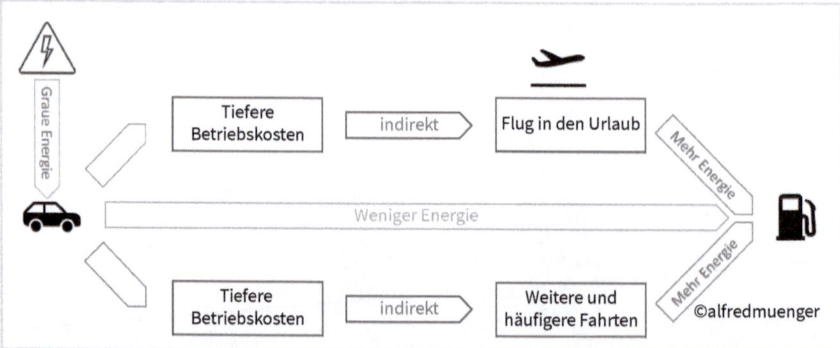


**Abbildung 15:** Rebound Effekt

Stoffkreisläufe dürfen nicht zwangsweise geschlossen werden. Zu beachten gilt, dass die Umweltbilanz nicht negativ beeinflusst wird. Wenn die weitere Verwendung der Stoffe einen höheren Energieverbrauch als die Herstellung neuen Materials zur Folge hat, muss genauestens betrachtet werden, in welcher Form der Stoff weiterverwendet werden kann. Altglas zum Beispiel muss nicht immer zu neuen Flaschen verarbeitet werden, sondern findet als Materialsubstitut weitere Verwendung in der Bauindustrie.

## 1.12 Politik und Kreislaufwirtschaft

Die politische Bedeutung der Kreislaufwirtschaft ist geprägt von verschiedenen Initiativen wie diejenige vorgezogener Recyclinggebühren. Die Auswirkungen auf die gesamte Volkswirtschaft scheinen jedoch noch zu schwach oder zu wenig kommuniziert worden zu sein. Zu erklären ist dies nicht mit den nach wie vor verhältnismäßig billigen Rohstoffen und den nicht verursachergerecht zugeordneten Transportkosten. Kreislaufwirtschaft könnte entwickelten Volkswirtschaften durchaus Wachstum bescheren. Sie wären von Rohstoffen, die dem Land nicht als primäre, wohl aber als sekundäre zur Verfügung stünden, weniger abhängig.

### 1.12.1 Kreislaufwirtschaft und Globalisierung

Mit der umgreifenden Globalisierung und der Verlagerung des Werkplatzes Richtung Osten wurden häufig ausgediente Fertigungsanlagen wegverbracht. Etliche nicht mehr konforme Produktionsanlagen wurden bspw. in China weiterhin verwendet.

Zugleich werden jährlich Zigtausende in Europa ausrangierte Fahrzeuge in den Süden und Osten verschoben – getreu dem Sprichwort: Aus den Augen, aus dem Sinn. Damit belasten diese Fahrzeuge, die in Europa nicht mehr den aktuellen Vorschriften entsprechen, die Umwelt weltweit weiterhin. Die Industrie sollte hier ihre Verantwortung wahrnehmen und dies auch aus Eigeninteresse nicht mehr zulassen. Das Image der Unternehmen kann leiden, wenn ihre Investitions- oder Gebrauchsgüter nicht mehr den nationalen und internationalen Gesetzgebungen entsprechen. Die Exporteure und Importeure dieser Güter fragen nicht danach, ob eine Marke darunter leiden könnte. Als Hersteller eines Gutes sind sie aber daran interessiert, dass die aus dem Unternehmen stammenden Produkte allen notwendigen Qualitäts- und Umweltanforderungen entsprechen. Folgendes Szenario ist nicht nur ein Denkspiel: In einer sich stark entwickelnden Volkswirtschaft wird der Umweltschutzgedanke unvermittelt zu einem der obersten Staatsziele erklärt. Güter früherer Produktion werden nach einer kurzen Übergangsfrist aus dem Markt verbannt, weswegen Investitionen nicht zu umgehen sind. Bei einer späteren Kaufentscheidung wird man sich nicht an den Importeur erinnern, aber an die Marke, die nicht gesetzeskonform war. Dies gilt nicht nur für Autos, sondern auch für elektrische und elektronische Apparaten. In diesem Zusammenhang ist die durchaus begrüßenswerte Initiative »Swisscom-Mobile-Aid«[51] zu erwähnen. Diese »Reuse«-Anwendung kann grundsätzlich gutgeheißen werden, wenn die Rückgabe oder wenigstens das Recycling in den Absatzländern gewährleistet ist. Neben der Industrie sollte auch die Politik Voraussetzungen dafür schaffen, dass die beschriebenen Fehlentwicklungen im Zeitalter der Kreislaufwirtschaft gestoppt werden.

### 1.12.2 Kreislaufwirtschaft-Initiativen in der EU und China

Die Kreislaufwirtschaft konnte bisher mit dem 2015 verabschiedeten »Circular Economy Action Plan« in der Europäischen Union politische Erfolge erzielen. Nachfolgend werden die wichtigsten Eckdaten des »Circular Economy Action Plan« aufgeführt, der zwei zentrale Aspekte fokussiert, die Hand in Hand gehen sollen:

1. die globale Wettbewerbsfähigkeit der europäischen Wirtschaft steigern, nachhaltiges Wirtschaftswachstum fördern und neue Jobs schaffen;
2. Ressourcen in einem Kreislaufsystem intelligent nutzen.

Insgesamt wurden im Rahmen des Plans 54 Maßnahmen beschlossen, die bis 2030 umgesetzt sein sollen. Diese Maßnahmen visieren folgende Ziele an:

- Schaffung 580.000 neuer Arbeitsstellen,
- Reduktion der Treibhausgase um 450 Millionen Tonnen,
- Kosteneinsparungen von 600 Milliarden Euro für europäische Unternehmen, was in etwa 8 % des jährlichen Umsatzes entspricht.[52]

51 https://www.swisscom.ch/de/about/unternehmen/nachhaltigkeit/mobile-aid.html/ Kunden spenden diese Geräte an Swisscom, diese bleibt Eigentümerin der Apparate, bis diese auf den internationalen Märkten Käufer finden. Swisscom spendet daraufhin den Verkaufserlös dem Hilfswerk SOS-Kinderdorf. Abgerufen am 15.03.2020.

52 https://ec.europa.eu/commission/sites/beta-political/files/circular-economy-factsheet-general_en.pdf abgerufen am 18.03.2020.

Am 4. März 2019 hat die EU die ersten Resultate bekannt gegeben; sie sind laut Kommission vielversprechend.

> »Demnach sind alle der insgesamt 54 Maßnahmen (z. B. eine neue EU-Abfallrahmengesetzgebung) aus dem Aktionsplan Kreislaufwirtschaft der EU mittlerweile vollständig umgesetzt oder jedenfalls begonnen. Dazu beziffert die EU-Kommission in ihrem Bericht eine deutliche Zunahme von Arbeitsplätzen, der Wertschöpfung und von Investitionen innerhalb der EU auf Basis der Entwicklung hin zu einer Kreislaufwirtschaft.«[53]

Außer der Europäischen Union ist die Kreislaufwirtschaft interessanterweise auch für China ein politisches Anliegen. Der damalige Vorsitzende Hu Jintao unterzeichnete 2008 das »Circular Economy Promotion Law«, 2011 wurde das Kreislaufwirtschaftskonzept in den nationalen Entwicklungsplan aufgenommen.

> »A whole chapter in the country's 11th Five-Year Plan (for 2006–10) was devoted to the circular economy. And a 2008 circular-economy ‹promotion law' demanded that local and provincial governments consider such issues in their investment and development strategies. Targets were enacted for the coal, steel, electronics, chemical and petrochemical industries. The circular economy was upgraded to a national development strategy in the 12th Five-Year Plan (2011–15).«[54]

### 1.12.3 UN Sustainable Goals

Die 17 Ziele für die nachhaltige Entwicklung der UNO, kategorisiert in 169 Unterziele, bilden das Kernstück der Agenda 2030. Design Circular unterstützt als Werkzeug im Speziellen die Ziele 11 und 12. Die in Abschnitt 10.8 erwähnte E-Waste-Bank würde ebenso Teile der Bestrebungen der Agenda 2030 für nachhaltige Entwicklung geradezu ideal befördern.

> »Ziel 11: Städte und Siedlungen inklusiv, sicher, widerstandsfähig und nachhaltig machen
>
> 11.b: Bis 2020 die Zahl der Städte und Siedlungen, die integrierte Politiken und Pläne zur Förderung der Inklusion, der Ressourceneffizienz, der Abschwächung des Klimawandels, der Klimaanpassung und der Widerstandsfähigkeit

53 IHK ECO-News Ausgabe März 2019 https://www.ihk-koeln.de/upload/2019_03_75830.pdf abgerufen am 13.04.2021.

54 https://www.nature.com/news/circular-economy-lessons-from-china-1.19593 abgerufen am 18.03.2020.

gegenüber Katastrophen beschließen und umsetzen, wesentlich erhöhen und gemäß dem Sendai-Rahmen für Katastrophenvorsorge 2015-2030 ein ganzheitliches Katastrophenrisikomanagement auf allen Ebenen entwickeln und umsetzen

11.c: Die am wenigsten entwickelten Länder unter anderem durch finanzielle und technische Hilfe beim Bau nachhaltiger und widerstandsfähiger Gebäude unter Nutzung einheimischer Materialien unterstützen[55]

**Abbildung 16:** Die 17 Nachhaltigkeitsziele[56]

Ziel 12: Für nachhaltige Konsum- und Produktionsmuster sorgen

12.5: Bis 2030 das Abfallaufkommen durch Vermeidung, Verminderung, Wiederverwertung und Wiederverwendung deutlich verringern

12.6: Die Unternehmen, insbesondere große und transnationale Unternehmen, dazu ermutigen, nachhaltige Verfahren einzuführen und in ihre Berichterstattung Nachhaltigkeitsinformationen aufzunehmen«[57]

Die Voraussetzungen auf der globalen bzw. internationalen Ebene sind politisch gegeben, die Umsetzung muss jedoch in den einzelnen Ländern stattfinden. Das gilt, wie

55 https://www.eda.admin.ch/agenda2030/de/home/agenda-2030/die-17-ziele-fuer-eine-nachhaltige-entwicklung/ziel-11-staedte-und-siedlungen-inklusiv-sicher.html abgerufen am 18.03.2020.

56 https://www.are.admin.ch/are/de/home/nachhaltige-entwicklung/internationale-zusammenarbeit/agenda2030.html abgerufen am 18.03.2020.

57 https://www.eda.admin.ch/agenda2030/de/home/agenda-2030/die-17-ziele-fuer-eine-nachhaltige-entwicklung/ziel-12-fuer-nachhaltige-konsum-und-produktionsmuster-sorgen.html abgerufen am 18.03.2020.

das Eidgenössische Departement für Auswärtige Angelegenheiten zu Recht feststellt, auch für die Schweiz:

> »Auch die Schweiz ist aufgefordert, die Ziele national umzusetzen. Auch sollen Anreize geschaffen werden, damit nichtstaatliche Akteure vermehrt einen aktiven Beitrag zur nachhaltigen Entwicklung leisten.«[58]

Sowohl das Eidgenössische Departement für auswärtige Angelegenheiten als auch das Eidgenössische Volkswirtschaftsdepartement weisen in verschiedenen Publikationen auf die Kreislaufwirtschaft hin. Die nationale eidgenössische Politik ist also involviert und sollte daher schnellstens zusammen mit der Wirtschaft die Initiative ergreifen, diese Aufgabe tatkräftig anzupacken.

Die österreichischen und deutschen Initiativen zur Kreislaufwirtschaft sind, anders als in der Schweiz, stark mit denjenigen der gesamten Europäischen Union verbunden.

Die Europäische Kommission veröffentlichte im März 2020 den neuen EU-Aktionsplan für die Kreislaufwirtschaft (CEAP).

> »Die Kommission setzt mit dem Aktionsplan einen entscheidenden Schritt, um Europa von einer linearen Wirtschaft hin zu einer Kreislaufwirtschaft zu transformieren und damit einen Paradigmenwechsel für das europäische Wirtschaftssystem einzuleiten«.[59]

Die Verringerung der Umwelt- und Klimaauswirkungen von Produkten und wirtschaftlichen Aktivitäten steht im Fokus und soll einen Rahmen schaffen, dass nachhaltige Produkte und Dienstleistungen zu Geschäftsmodellen der nahen Zukunft werden. Das Ziel, von Beginn an keinen respektive möglichst wenig Abfall zu erzeugen, liegt dabei klar im Vordergrund.

Der Aktionsplan besteht aus drei Bausteinen für eine nachhaltige Produktpolitik, die nachfolgenden Maßnahmen sollen nachhaltige Produkte zur Norm machen und vorzeitige Obsoleszenz bekämpfen:
- Maßnahmen zur Produktgestaltung (Reparaturfähigkeit von Produkten),
- Maßnahmen zur Stärkung der Position der Verbraucherinnen und Verbraucher (Schutz vor Grünfärberei),
- Maßnahmen für nachhaltigere Produktionsprozesse (»lokale« Produktion).[60]

---

58 https://www.eda.admin.ch/agenda2030/de/home/agenda-2030/die-17-ziele-fuer-eine-nachhaltige-entwicklung.html abgerufen am 18.03.2020.

59 https://www.circularfutures.at/themen/kreislaufwirtschaftspolitik/eu-klw-aktionsplan-2020/ abgerufen am 04.03.2021.

60 https://www.circularfutures.at/themen/kreislaufwirtschaftspolitik/eu-klw-aktionsplan-2020/ abgerufen am 04.03.2021.

Als Basiskriterium gelten für Produktgruppen neben dem ökologischen Fußabdruck, entlang der gesamten Produktwertschöpfungskette, auch die Umweltauswirkungen und das Kreislaufpotenzial. Aus heutiger Sicht betroffen, sind es Produkte aus den Bereichen Elektronik (Smartphones, Batterien usw.), Informationstechnologie, Textilien, Bauwirtschaft und Verpackungen aber auch andere wie Möbel und Fahrzeuge.

Die Kreislaufwirtschaft soll laut Aktionsplan die arbeitsintensiven Aktivitäten der Wiederverwendung, Reparatur und Wiederaufarbeitung durch die Vermittlung von Fähigkeiten und der Schaffung von Arbeitsplätzen unter anderem für Benachteiligte einen höheren sozialen Wert erzielen.

In Österreich wurde Ende 2016 Circular Futures vom Umweltdachverband initiiert und ist ein Zusammenschluss mehrerer Dachorganisationen, die sich für die Ziele der Kreislaufwirtschaft in Politik und Gesetzgebung einsetzen.

> »Die Kooperationspartner der Plattform sind der Umweltdachverband (UWD) in Österreich, das European Environmental Bureau (EEB) mit Sitz in Brüssel sowie das Reuse- und Reparaturnetzwerk Österreich (RepaNet) und der Verband Abfallberatung Österreich (VABÖ) in Österreich.«[61]

Die EU-Ökodesign-Richtlinie[62] sieht für gewisse Produkte Mindeststandards und hat zum Ziel, die Ressourceneffizienz von Produkten wie bspw. die Reparaturfähigkeit oder die Haltbarkeit zu verbessern. In diesem Zusammenhang ist auch eine verbesserte Berichterstattung über gefährliche Inhaltsstoffe der Produkte anzustreben, die den Beteiligten an der gesamten Wertschöpfungskette zur Verfügung steht.

### 1.12.4 Kreislaufwirtschaft in der Schweizer Politik

In der Schweiz laufen ebenfalls einige Initiativen, die Kreislaufwirtschaft betreffend. Die bestimmenden politischen Parteien erwähnen allesamt in ihren Programmen die nachhaltige Nutzung der Ressourcen. Die Aktionen der Klimabewegung, z. B. »Fridays for Future«, manifestieren ebenfalls, dass das Thema zweifelsfrei die politische Agenda prominent ergänzen muss. Im Gegensatz zur Europäischen Union gibt sich die helvetische Politik aber eher zurückhaltend. Die Initiativen der Schweiz sind im Rahmen der Abfallvermeidungsstrategie ausformuliert. Das Bundesamt für Umwelt (BAFU) schreibt auf seiner Webseite zur Abfallvermeidungsstrategie:

61 https://www.circularfutures.at/ueber-uns/wer-wir-sind/ abgerufen am 04.03.2021.
62 https://europa.eu/youreurope/business/product-requirements/compliance/ecodesign/index_de.htm abgerufen am 04.03.2021.

»Um den hohen Primärrohstoffverbrauch der Schweiz zu reduzieren, will der Bund sämtliche Material- und Stoffflüsse entlang der Wertschöpfungskette berücksichtigen – vom Rohstoffabbau über das Produktedesign bis zur Abfallbewirtschaftung.«

»Mit dem Bericht an den Bundesrat zur Grünen Wirtschaft will der Bund im Bereich Abfall und Rohstoffe in Zusammenarbeit mit der Wirtschaft sicherstellen, dass Abfälle möglichst vermieden und noch offene Stoffkreisläufe geschlossen werden (z. B. Phosphor-Kreislauf):

- Durch gezieltes Recycling sollen möglichst viele wichtige Sekundärrohstoffe aus Abfällen gewonnen und in den Wirtschaftskreislauf zurückgeführt werden.
- Mit einer Abfallvermeidungsstrategie, die der Bund zusammen mit den Kantonen und der Wirtschaft erarbeiten will, wird beabsichtigt, das Abfallaufkommen künftig zu drosseln.
- Der Bund unterstützt Forschungsprojekte, um Innovationen im Bereich Rohstoffrückgewinnung zu fördern.
- In einem breit abgestützten Dialogprozess haben Akteure aus Politik, Behörden, Wirtschaft und Gesellschaft im sogenannten Ressourcen-Trialog elf Leitsätze erarbeitet, die richtungsweisend für die Weiterentwicklung der Schweizer Abfall- und Ressourcenwirtschaft sind.[63]«

Aus diesem Trialog resultieren 11 Punkte:

»In einem breit abgestützten Dialogprozess haben sich elf Akteure aus Politik, Behörden, Wirtschaft und Gesellschaft mit den künftigen Herausforderungen der Abfall- und Ressourcenwirtschaft auseinandergesetzt. Gemeinsam wurden elf Leitsätze erarbeitet, die richtungsweisend für die Weiterentwicklung der Schweizer Abfall- und Ressourcenwirtschaft sind.«[64]

Die elf Leitsätze für die Schweizer Abfall- und Ressourcenwirtschaft 2030[65]

1. Wirtschaft und Gesellschaft handeln eigenverantwortlich und freiwillig.
2. Bei der Verwertung von Abfällen wird ein fairer Wettbewerb zwischen den Marktteilnehmern angestrebt.

63 https://www.bafu.admin.ch/bafu/de/home/themen/abfall/inkuerze.html abgerufen am 05.08.2020.

64 Ressourcen-Trialog: Ein Dialog über Herausforderungen und Lösungsansätze in der Abfall- und Ressourcenwirtschaft der Schweiz 2030 Schlussbericht http://www.ressourcentrialog.ch abgerufen am 05.08.2020.

65 http://www.ressourcentrialog.ch/wp-content/uploads/2015/09/2017-10-30_Ressourcen_Trialog_Medienmitteilung_DE.pdf abgerufen am 05.08.2020.

3. Die Entstehung von Abfällen wird wenn möglich vermieden.
4. Rohstoffe zirkulieren optimal in Kreisläufen.
5. Produzenten, Konsumenten und andere Akteure tragen die Verantwortung für die Umweltauswirkung von Produkten über den ganzen Lebenszyklus.
6. Die Primär- und Sekundärrohstoffe in der Schweiz werden nachhaltig bewirtschaftet.
7. Maßnahmen zur Vermeidung und Verwertung von Abfällen werden in Bezug auf ihre ökologische und ökonomische Effizienz und Effektivität priorisiert.
8. Transparenz bei den Finanz- und Stoffflüssen bildet die Basis für Optimierungen der Entsorgungssysteme.
9. Bei der Verwertung und Behandlung von Abfällen werden hohe Standards eingehalten.
10. Die Ausgestaltung und Weiterentwicklung der Entsorgungssysteme strebt nach einer Optimierung von Kosten, Umweltnutzen und Kundenfreundlichkeit.
11. International erzielt die Schweizer Ressourcen- und Abfallwirtschaft dank Innovation und Spitzentechnologien eine große Wirkung.

Diese elf Leitsätze reden dem Design Circular das Wort. Leitsatz 1 zeigt indes bereits eine Problematik auf: Man setzt auf Freiwilligkeit der Verursacher. Das Bewusstsein sowohl von Verursachern als auch Produzenten muss geschärft werden. Design Circular spielt hierbei eine wichtige Rolle, indem es das Design eines Produktes als kreislauffähig gestaltet postuliert.

Sowohl im National- wie auch im Ständerat lassen sich immer wieder Voten vermittelst parlamentarischer Vorstöße verlauten. Aktuell sind im Ratsbetrieb rund 40 Geschäfte, die die Kreislaufwirtschaft betreffen, in Diskussion oder in Diskussionsvorbereitung,[66] allerdings sind etliche noch unbehandelt. Daher kann sich der aufmerksame Staatsbürger kaum des Eindruckes erwehren, dass die Schweizer Politikerinnen und Politiker diesem Thema momentan eher weniger Aufmerksamkeit schenken. Eine andere Interpretation wäre, dass dieses Thema der Privatwirtschaft überlassen wird. Sie hat mit eigenen Initiativen wie »Circular Economy Switzerland« oder »circular-economy.swiss« von Swiss Recycling bereits erste Schritte unternommen.

Diese These wird unter anderem von Alt-Bundesrätin Doris Leuthard gestützt, die im Rahmen der Herbstsession 2017/dritte Sitzung/13.09.17/08h15/das Postulat 17. 3505 von Beat Vonlanthen beantwortet (»Die Chancen der Kreislaufwirtschaft nutzen. Prüfung steuerlicher Anreize und weiterer Maßnahmen«).

66 https://www.parlament.ch/de/suche#k=Kreislaufwirtschaft abgerufen am 19.03.2020.

»Die Kreislaufwirtschaft, so wie sie auch in der EU definiert ist, beinhaltet schon auch den Bereich Recycling und Abfall. Es war ja auch Bestandteil unseres Gegenvorschlages zur Initiative ›Grüne Wirtschaft‹, dass wir sagen, im Bereich Abfall ist die Schweiz alles andere als gut. Dort gibt es schon Möglichkeiten. Von der Produktion zum Konsum und zum Abfall, bis hin zu Materialien und Design der Gesamtwirtschaft, wird dort eigentlich alles untersucht. Es hätte Bestand im herkömmlichen Begriff der Circular Economy. Wir haben deshalb 2012 diesen Grundlagenbericht gemacht und Ihnen Anträge gestellt.

Aber ich muss einfach festhalten: Das Parlament hat das anders gewollt. Es sagte: Handlungsbedarf ja – aber nur im freiwilligen Bereich. Auf diese Reise haben Sie uns damals geschickt, es ist noch nicht so lange her. Seither versuchen wir im Rahmen des Aktionsplanes Grüne Wirtschaft mit der Industrie, den Produzenten, die Situation auf freiwilliger Basis zu verbessern. Wir versuchen im Bereich Abfall sehr stark, mit den Kantonen, mit Firmen in diesem Bereich Verbesserungen zu erzielen. Es geht nicht gegen den Willen des Bundesrates, aber wir respektieren halt einfach die Meinung des Parlamentes.«[67]

Auf ein gleichgeartetes Postulat von Nationalrätin Schneider-Schneiter von 2012 ist der Bundesrat am 14.12.2019 eingegangen (»Die Versorgung der Schweiz mit Seltenen Erden, Bericht des Bundesrates in Erfüllung des Postulates 12.3475 Schneider-Schneiter vom 12.06.2012.«):

»Der Bundesrat ist der Meinung, dass auch im Fall einer Verknappung und Verteuerung der Rohstoffe, die Rohstoffbeschaffung hauptsächlich Sache des Privatsektors ist. Er setzt sich deshalb schwerpunktmässig für ein offenes, auf Regeln gestütztes Welthandelssystem im Rahmen der WTO und für den Aufbau eines umfassenden Netzes von Freihandelsabkommen ein.[68]«

Die Sichtweise des Bundesrates ist unter dem Aspekt der geopolitischen Entwicklung doch etwas zu kurz gegriffen und setzt u. E. falsche Signale. Diese Kritik stärkt eine am 1. Februar 2019 veröffentlichte Mitteilung des Staatssekretariats für Wirtschaft (SECO):

67 https://www.parlament.ch/de/ratsbetrieb/amtliches-bulletin/amtliches-bulletin-die-verhandlungen?SubjectId=40916 abgerufen am 05.08.2020.

68 Die Versorgung der Schweiz mit Seltenen Erden Bericht des Bundesrates in Erfüllung des Postulates 12.3475 Schneider-Schneiter vom 12.06.2012 abgerufen am 19.03.2020.

»EU-Massnahmen auf Stahl- und Aluminiumimporten

Die Schweiz ist von den von der EU als Reaktion auf die US-Einfuhrzölle auf Stahl und Aluminium eingeführten Schutzmassnahmen auf Stahlimporten und Überwachungsmassnahmen auf Aluminiumimporten betroffen.«[69]

Diese Maßnahme wurde von der EU trotz eines existierenden Freihandelsabkommens eingeführt. Insgesamt zeigen die Entschlüsse, dass Freihandelsabkommen je nach wirtschaftlicher Situation kein Garant für (zoll-)freien Handel sind. Eine (künstliche) Verknappung der Waren berechtigt die Schweizer Wirtschaft nicht, aufgrund eines solchen Abkommens Lieferungen zu erzwingen. Die Corona-Pandemie hat unmissverständlich belegt, dass die Schweiz sich zumindest zurzeit nicht auf befreundete Nationen wie Deutschland und Frankreich stützen kann. Beide Nationen haben Lieferungen von Schutzmaterial, das für die Eidgenossenschaft bestimmt war, blockiert. Erst nach Interventionen durch die Schweizer Regierung und der Europäischen Kommission wurde alles freigegeben. Daraus lässt sich schließen, dass bei Engpässen oder in Notfällen nicht Wirtschaftsräume maßgebend sind, sondern nationale Eigeninteressen. Die Schlussfolgerung, dass die Schweiz die Möglichkeit schaffen sollte, gewisse (pharmazeutische) Rohstoffe und Produkte wieder selbst herzustellen oder sie in Pflichtlagern zu halten, ist wenn unter Umständen auch teurer, gewiss nicht abwegig. Ohne Frage wäre für die Schweiz vorteilhaft, was chinesische Industrieparks und Exportverarbeitungszonen vorexerzieren: den Output eines Herstellers in den Input für einen anderen Hersteller umzuwandeln. Folglich werden die industriellen Kreisläufe geschlossen und unabhängiger.

In Deutschland war die erste Version der Rohstoffstrategie ähnlich der aktuellen in der Schweiz, dass die Unternehmen für die Rohstoffversorgung verantwortlich sind.

»Die erste Rohstoffstrategie stand unter dem Leitmotiv, dass in erster Linie die Unternehmen verantwortlich sind, ihre Rohstoffversorgung sicherzustellen. Die Hauptaufgabe der Bundesregierung lag in der politischen Flankierung von Maßnahmen der Unternehmen zur Rohstoffversorgung – sowohl bei heimischen Rohstoffen als auch beim Import von Rohstoffen. Dieser marktwirtschaftliche Ansatz auf Basis eines freien und fairen Welthandels wird auch weiterhin den ordnungspolitischen Rahmen der deutschen Rohstoffpolitik bilden.«[70]

69 https://www.seco.admin.ch/seco/de/home/Aussenwirtschaftspolitik_Wirtschaftliche_Zusammenarbeit/Wirtschaftsbeziehungen/handelsschutzmassnahmen/EU_schutzmassnahmen_stahl.html abgerufen am 19.03.2020.

70 https://www.bmwi.de/Redaktion/DE/Textsammlungen/Industrie/entsorgungs-und-kreislaufwirtschaft.html abgerufen am 04.03.2021.

Die überarbeite Rohstoffstrategie des deutschen Bundesministeriums für Wirtschaft und Energie ist weitergehend und befasst sich, aufgrund der weltweit deutlichen Zunahme von staatlichen Interventionen, mit der Rohstoffsicherung:

> »Gleichzeitig zeigt sich jedoch mit Blick auf die aktuellen Herausforderungen bei der Rohstoffsicherung, dass sich längst nicht alle Staaten diesem marktwirtschaftlichen Ansatz verpflichtet fühlen. Aufgabe der Politik muss daher auch sein, mögliche Maßnahmen zur Schaffung eines Level-Playing-Fields in der Rohstoffversorgung zu definieren und dabei auch gegebenenfalls die Rolle des Staates zu überdenken. Während die erste Rohstoffstrategie noch unter dem Eindruck eines Rohstoffsuperzyklus mit extrem erhöhten Preisen stand, sind heute vor allem die Nachfrageveränderungen durch disruptive Technologien, Handelsstreitigkeiten, hohe Marktmacht einzelner Akteure sowie gestiegene Anforderungen, sozial- und umweltgerechte Lieferketten und die Achtung menschenrechtlicher Sorgfaltspflichten zu garantieren, die beherrschenden Themen.«[71]

### 1.12.5 Beispiele problematischer politischer Entscheidungen mit Einfluss auf die eidgenössische Kreislaufwirtschaft

Oftmals werden politische Entscheide auf dem Hintergrund von Ereignissen wie Pandemien (Corona), Katastrophen (Fukushima) und Attentaten (9/11) gefällt, deren Maßnahmen kurzfristig wohl plausibel schienen, aber deren Wesen wenig Weitsicht (Nachhaltigkeit) bewiesen.

Entscheidungen wurden getroffen und Vorlagen zur Abstimmung gebracht, ohne dass man sich um mögliche Konsequenzen wie Folgekosten, unsinnige Transporte, wirtschaftliche und soziale Herausforderungen etc. gekümmert hätte.

Die Frage nach der Umsetzung dieser Entscheide wird oftmals wie folgt beantwortet »Die Branche/Wirtschaft muss ihre Verantwortung wahrnehmen« oder »Jetzt sind kreative Lösungen der Schwimmbäder gefragt.«[72] Die Verantwortung für die Umsetzung wird also auf die Betroffenen abgewälzt. Ein weiteres Beispiel ist das Ausweichen resp. die Neuorientierung bei der Energieversorgung auf ausländische Stromproduzenten, obwohl diese Elektrizität allzu häufig von veralteten Kernkraft- oder Kohle-

71 https://www.bmwi.de/Redaktion/DE/Textsammlungen/Industrie/entsorgungs-und-kreislaufwirtschaft.html abgerufen am 04.03.2021.

72 https://www.nzz.ch/schweiz/bundespraesidentin-sommaruga-das-virus-haelt-sich-nicht-an-plaene-ld.1552278 abgerufen am 19.04.2020.

kraftwerken produziert wird. In 2018 waren neun der zehn größten $CO_2$-Emittenten Europas Kraftwerke, die fossile Brennstoffe zur Energiegewinnung verwenden.[73]

Die mit Abstand wichtigste Energiequelle, Elektrizität, gilt es, in der Schweiz nachhaltig zu produzieren – nicht zuletzt, weil das seit 2007 mit der EU in Verhandlung stehende bilaterale Abkommen im Elektrizitätsbereich[74] bis heute nicht abgeschlossen ist.

Fernerhin wird interessanterweise häufig sofort mit Angst (hinsichtlich der Corona-Pandemie wurde nur von der absoluten Anzahl Toter gesprochen) statt mit Fakten (prozentuale Erkrankungen/Genesene im Verhältnis zu einer wiederkehrenden Grippe, etc.) und etwas mehr (zeitlicher) Distanz (Übersterblichkeit) argumentiert. Dies verleitet nicht immer dazu, Entscheidungen besser durchgedacht zu fällen.

Diese Beispiele belegen den mangelnden strategischen Weitblick. Es ist fundamental, dass kreislauffähigere Modelle im politischen Entscheidungsdiskurs priorisiert werden.

Design Circular will zu faktenbasierten Entscheidungen hinführen und diskutiert Szenarien, die rationalere Entschlüsse favorisieren.

### 1.12.6 Themen der Kreislaufwirtschaft in der Schweiz

Die Schweiz, in vielen Forschungsdisziplinen der Materialwirtschaft führend, könnte hier eine Vorreiterrolle übernehmen. Eine 2019 veröffentlichte Studie der EMPA zeigt am Beispiel des Sondermetalls Indium Folgendes:

> »Indium wird erst seit der Jahrtausendwende in nennenswerten Mengen genutzt. Im Jahr 2014, für das die aktuellsten Zahlen vorliegen, waren in der Schweiz 1,7 Tonnen des Metalls in Geräten vorhanden, die noch in Gebrauch waren. Die Geräte, die im gleichen Jahr entsorgt wurden, enthielten insgesamt aber nur 135 kg Indium. Rund ein Drittel davon erreichten den Recyclingprozess gar nicht – etwa, weil die Geräte in den normalen Kehricht geworfen oder ins Ausland ausgeführt wurden. Von den 90 kg Indium, die den Recyclingprozess durchliefen, endeten laut Studie 90 % in Kehrichtverbrennungsanlagen, 5 % gehen im Schmelzprozess verloren – und nur 5 % wurden für eine allfällige zukünftige Wiederaufbereitung aufbewahrt.«[75]

73 Die größten Klimasünder Europas, Quelle: https://www.welt.de/wirtschaft/article191245037/Treibhausgase-Das-sind-die-groessten-CO2-Emittenten-in-Europa.html#cs-lazy-picture-placeholder-01c4eedaca.png abgerufen am 19.04.2020.

74 https://www.uvek.admin.ch/uvek/de/home/energie/stromabkommen-mit-eu.html abgerufen am 05.08.2020.

75 https://www.empa.ch/de/web/s604/ressourcen-in-computern/-/journal_content/56_INSTANCE_NewsArt/56164/6241512?p_p_state=pop_up&_56_INSTANCE_NewsArt_page=1&_56_INSTANCE_NewsArt_viewMode=print abgerufen am 26.02.2020.

Bei Bedarf und entsprechendem Willen kann Indium also rezykliert und in der Schweiz gelagert (wie bspw. Sicherheitslager Treibstoffe) werden. In schwierigen wirtschaftlichen Situationen könnten die negativen Folgen von Preisschocks abgefedert werden. Die Kosten des Neumaterials sind heute zu tief, was damit zu begründen ist, dass die Wahrheit des Abbaus bezüglich der ökologischen und finanziellen Kosten, für die Unternehmen bisher nicht aufkommen müssen, momentan schlechterdings nicht existiert.

Obgleich die Recyclingkosten für seltene Erden und Sondermetalle heute noch zu hoch sind, sollten Forschung und Entwicklung in diesem Bereich doch forciert werden, um bei allfälligen massiven Preissteigerungen auf dem Weltmarkt gerüstet zu sein, diese Rohstoffe in der Schweiz zu rezyklieren. Stellvertretend ist das Edelmetall Palladium anzuführen, dessen Preis sich wegen des steigenden Gebrauchs für Autokatalysatoren in den letzten knapp vier Jahren zeitweise fast verfünffacht hat. Notabene wird dieses Edelmetall in allen vier Edelmetallraffinerien der Schweiz wiederaufbereitet.[76]

### 1.12.7 Empfehlungen an die Politik

Die Schweiz sollte Kreislaufwirtschaftsprojekte bspw. über Innosuisse vermehrt fördern. Nicht zuletzt unter dem Aspekt der Versorgungssicherheit können diese Projekte entweder von Hochschulen, Universitäten oder Fachhochschulen gemeinsam mit industriellen Partnern oder im Auftrag der Eidgenossenschaft realisiert werden. Im Sinne der Nachhaltigkeit ist Design Circular besonders in der Politik ein nützliches Instrument, da politische Vorstöße und Entscheide auf mögliche langfristige Auswirkungen getestet werden können.

Die Politik sollte mutiger Veränderungen anpacken: Hierfür müssen mitunter de facto unbeliebte Entscheide gefällt werden. Die Beratungen in den Räten dauern, wenn kein Konsens herrscht, oft viel zu lange. Häufig versucht die Politik, Neuerungen in existierenden Gesetzen unterzubringen. Exemplarisch ist etwa das Umweltschutzgesetz, das seit der Ablehnung der Volksinitiative »Grüne Wirtschaft« (2015) überarbeitet wird. Die Behandlungen ziehen sich meistens über mehrere Monate, ja Jahre hin. Dabei wäre es äußerst wichtig, dass nicht nur Pros und Kontras diskutiert werden, sondern auch die Folgewirkungen eines Gesetzes.

Anstelle langwieriger politischer Diskussionen sollte die Schweiz beim Thema »Kreislaufwirtschaft« eine Vorreiterrolle übernehmen und sich als eines der reichsten

76 Vgl. zur Entwicklung des Palladium-Preises: https://www.cash.ch/rohstoffe-edelmetalle/palladium-1-kg-287634/ubs/chf/chart abgerufen am 26.08.2020.

Länder der Welt diesem aktuellen Thema einen Spitzenplatz in der Forschung und Entwicklung sichern. Die Schweiz verfügt mit den Universitäten, aber vor allem mit den beiden Eidgenössischen Technischen Hochschulen und den Fachhochschulen über das notwendige Fachpersonal. Dank unseres nach wie vor hohen industriellen Wertschöpfungsanteils und der ausgezeichneten Facharbeitenden bzw. Spezialisten kann die Schweiz den technischen und biologischen Teil der zirkulären Wirtschaft maßgeblich beeinflussen. Diese Fakten müssen die Politik, die Unternehmen und vor allem die Konsumenten erkennen und vor allem anerkennen. Der Ansatz des Design Circular muss also nicht nur bei politischen, sondern auch bei unternehmerischen und bei Entscheiden von Konsumenten zwingend berücksichtigt werden, denn nur so werden nachhaltige Ergebnisse erzielt.

In der Europäischen Union und Ländern wie China und Malaysia sind solche Initiativen bereits im Gange. Im Januar 2020 haben bspw. China, Malaysia und Frankreich Schritte zur Einschränkung von Plastik und »Gütern des einmaligen Gebrauchs« gemacht.

> »China und Malaysia gehen gegen Plastikmüll vor
>
> Malaysia schickt Tausende Tonnen Plastikmüll auch an europäische Länder zurück. China verbietet unter anderem Plastiktüten und Einwegprodukte.«[77]
>
> Frankreich
>
> Das »Gesetz gegen Verschwendung« sieht auch ein neues Label für die »Reparierbarkeit« elektronischer Geräte wie Waschmaschinen, Fernseher und Handys vor. Damit will die Regierung verhindern, dass wie bisher 60 Prozent der Geräte mit einem Defekt auf dem Müll landen. Auch gegen die sich häufenden Plastikberge geht Frankreich vor: Schnellrestaurants müssen demnach spätestens ab 2023 wiederverwendbare Verpackungen und Besteck nutzen. Allgemein droht Wegwerfverpackungen aus Plastik aber erst 2040 das Aus.[78]

Die deutsche Bundesregierung hat im Rahmen der Hightech-Strategie das Ziel einer ressourceneffizienten Kreislaufwirtschaft bereits im deutschen Ressourceneffizienzprogramm (ProgRess) verankert. ProgRess wurde in 2012 als eines der ersten staatlichen Programme zum Schutz der natürlichen Ressourcen verabschiedet.[79] Das 2018

77 Quelle: ZEIT ONLINE, AP, dpa, tst abgerufen am 15.04.2020.

78 https://www.tagesanzeiger.ch/panorama/vermischtes/kleider-in-muell-werfen-verboten/story/15629434 abgerufen am 15.04.2020.

79 https://bdi.eu/artikel/news/zweite-fortschreibung-zum-deutschen-ressourceneffizienzprogramms-progress-iii-setzt-neue-akzente/ abgerufen am 04.03.2021.

veröffentlichte Forschungskonzept »Ressourceneffiziente Kreislaufwirtschaft« setzt auf die Umsetzung der Kreislaufwirtschaft und fördert dieses im Zeitraum von 2018 bis 2023 mit 150 Mio. Euro.[80]

Die vom Bundesministerium für Bildung und Forschung (BMBF) Referat Grundsatzfragen der Innovationspolitik verfasste Hightech-Strategie 2025[81] sieht in mehreren Themenfeldern, unter anderem der Kreislaufwirtschaft, enge Kooperationen zwischen Wissenschaft, Wirtschaft und Gesellschaft, in denen Lösungen für anstehende Herausforderungen gefunden werden. Dabei soll das übergeordnete Ziel sein, das Wirtschaftswachstum vom Ressourcenverbrauch zu entkoppeln und damit die Rohstoffproduktivität zu erhöhten. Was in anderen Worten bedeutet, die Voraussetzungen für den Übergang zu einer ressourceneffizienten Kreislaufwirtschaft zu beschleunigen. Dies wiederum wirkt zum einen als Innovations- und Investitionsmotor für neue Technologien und Systemlösungen und zum anderen als Treiber regionaler Strukturentwicklung. Im Rahmen der Hightech-Strategie 2025 wurden forschungs- und innovationspolitische Initiativen 2018–2021 angestoßen: »Mit dem Forschungskonzept Ressourceneffiziente Kreislaufwirtschaft werden innovative Lösungen für die Kreislaufführung von Produkten und die Weiterentwicklung digitaler Technologien für die Kreislaufwirtschaft gefördert.«[82]

### 1.12.8 Design Circular als politische Entscheidungshilfe

Design Circular ist das ideale Fundament für nachhaltige Entscheidungsfindung.

> »Auf die wirtschaftlichen Chancen weist denn auch der Aktionsplan für die Kreislaufwirtschaft[83] hin, den die EU-Kommission 2015 verabschiedet hat. Die für die Kreislaufwirtschaft relevanten Sektoren beschäftigten in der EU 2016 über vier Millionen Arbeitnehmende. Kreislaufaktivitäten wie Reparaturen, Wiederverwendung und Recycling haben im selben Jahr eine Wertschöpfung von gegen 147 Mrd. Euro erzielt und Investitionen von rund 17,5 Mrd. Euro ausgelöst. Der weltweite Markt für Kreislaufwirtschaft und Material- und Ressourceneffizienz ist in den letzten fünf Jahren um über zehn Prozent gewachsen. Damit wächst er schneller als der Weltmarkt als Ganzes.«[84]

80 https://www.hightech-strategie.de/de/nachhaltiges-wirtschaften-in-kreislaeufen-1969.html abgerufen am 04.03.2021.

81 Bundesministerium für Bildung und Forschung (BMBF) Referat Grundsatzfragen der Innovationspolitik, 11055 Berlin.

82 Bundesministerium für Bildung und Forschung (BMBF) Referat Grundsatzfragen der Innovationspolitik, 11055 Berlin.

83 https://ec.europa.eu/environment/circular-economy/index_en.htm abgerufen am 15.04.2020.

84 https://dievolkswirtschaft.ch/de/2019/07/kaenzig-08-09-2019/ abgerufen am 15.04.2020.

Die Schweiz muss dieses Potenzial ebenfalls nutzen und darf es nicht anderen überlassen. In der Vergangenheit hat sich in der Schweiz ein Netz von Unternehmen mit vielfältiger Branchenstruktur und unterschiedlichen Betriebsgrößen herausgebildet und bis heute halten können. Es hat die Lebensfähigkeit der Schweizer Wirtschaft nicht nur wegen der hohen Investitionen im Ausland, sondern auch dank industrieller Kompetenz, der Spezialisierung, Innovations- und Lernfähigkeit im Inland gesichert. Neben den internationalen Konzernen (Nahrungsmittel, Pharma, Uhren, Banken und Versicherungen) und der öffentlichen Hand, die heute zusammen ein Drittel aller Arbeitsplätze beherbergen, bilden die vielen KMU (kleine und mittlere Unternehmen) ein starkes, bewegliches volkswirtschaftliches Rückgrat und sind mit ein Grund, weshalb die Schweiz trotz Tertiarisierung und Globalisierung bis heute einen vergleichsweise hohen Industrialisierungsgrad halten konnte.[85] Etwa 560.000 oder mehr als 99% der Schweizer Unternehmen beschäftigen weniger als 250 Mitarbeiterinnen und Mitarbeiter, davon sind rund 375.000 Familienbetriebe mit 1,6 Mio. Beschäftigten.[86] Die Familienunternehmen sind tendenziell eher am langfristigen Bestehen und damit am nachhaltigen Wirtschaften interessiert als bspw. börsenkotierte Unternehmen, die sich auf kurzfristige Gewinnoptimierung ausrichten. Die Nachhaltigkeit ist sozusagen in der unternehmerischen DNA von rund einem Drittel (1,6 Mio.) der Beschäftigten. Mit begleitenden und unterstützenden (finanziellen, steuerlichen) Maßnahmen kann die Schweiz mithilfe der Politik und der Wirtschaft einen Spitzenplatz in der Weiterentwicklung der Kreislaufwirtschaft einnehmen und den Gedanken von E. F. Schumacher in »Small is beautiful« vollumfänglich bestätigen. Die Schweiz muss die Voraussetzungen schaffen, die Kreislaufwirtschaft in die eigene Wirtschaftspolitik zu integrieren und damit kleineren und mittleren Unternehmen den Zugang zu Rohstoffen zu garantieren.

Ein weiterer Grundgedanke kann sein, dass sich der Staat über den Schweizerischen National Fonds, viel stärker an Forschungen zugunsten der Kreislaufwirtschaft beteiligt. Finanziert werden könnte die Rückgewinnung einiger Rohstoffe, zum Beispiel seltene Erden und Metalle (Neodymium, Indium etc.) oder die kostengünstige (Wieder-)Herstellung von Basisrohstoffen. Diese Basisstoffe würden im Notfall oder bei Rohstoffverknappung freigegeben, identisch zum Umgang mit den strategischen Erdölreserven.

85 Peter Hablützel Manuskript zur neuen Schweizer Geschichte.
86 Herausforderung Generationenwechsel, Credit Suisse 2016.

## 1.13 Kreislaufwirtschaft umsetzen

Die von Design Circular verwendeten Methoden basieren ähnlich dem Plan-Do-Check-Act-Prinzip (PDCA) auf einem Regelkreis. Dieser Regelkreis hat die Eigenschaft, dass die Arbeit de facto nie zu Ende ist.

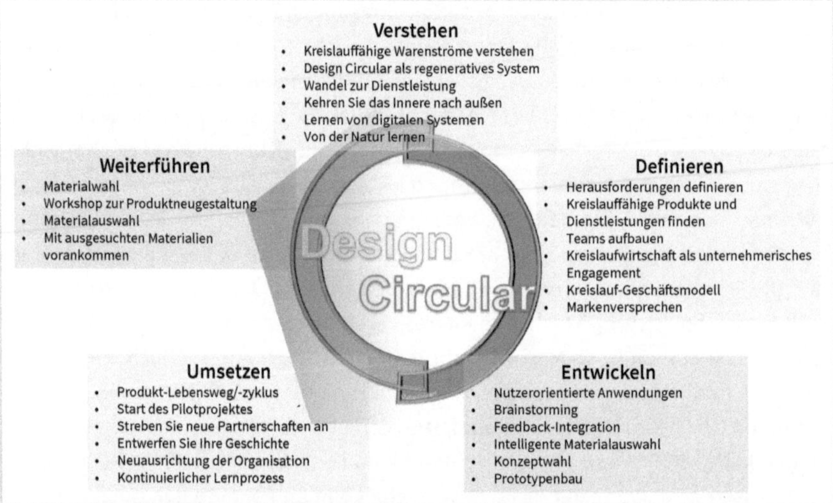


**Abbildung 17:** Design Circular Modell

Im Kern bedeutet die Kreislaufwirtschaft, dass Produkte nicht über nur einen Lebenszyklus mit einem Anfang, einer Mitte und einem Ende verfügen, sondern »ewig« weiterverwendet werden. Dies bedeutet weniger Abfall und die Zirkularität schafft einen Mehrwert für das Ökosystem. Mit anderen Worten: Werden die Materialien nicht mehr verwendet, fließen sie in den nächsten nützlichen Kreislauf. Stellen Sie sich vor, was passieren würde, wenn alle Produkte restaurativ und regenerativ konzipiert wären. Als Beispiel diene der 2011 entstandene Film die »Fabrik der Zukunft«. Die »Fabrik der Zukunft« umschreibt das Zusammenspiel von unzähligen guten Ideen und Entwicklungen. Extrem energieeffiziente Technologien, sogenannte Faktor-10-Technologien, kommen mit lediglich einem Zehntel der bisher aufgewendeten Energie aus. Umwelt- und ressourcenschonende Materialien und Produktionsprozesse, nachhaltige Dienstleistungen, ökointelligente Produkte etc. sind zentrale Aspekte der Idee. Vorliegende Dokumentation macht es sich zur Aufgabe, diese guten Ideen aus der Forschung und Technologieentwicklung zu sammeln und anschaulich und verständlich einem großen Publikum näherzubringen, um einen sinnvollen Beitrag für eine zukünftige, umwelt- und ressourcenschonende Entwicklung zu leisten; sie diskutiert wegweisende

Forschung und Technologieentwicklungen, zeigt heutige Weichenstellungen auf und entwirft ein Zukunftsszenario einer nachhaltig produzierenden Industrie.[87]

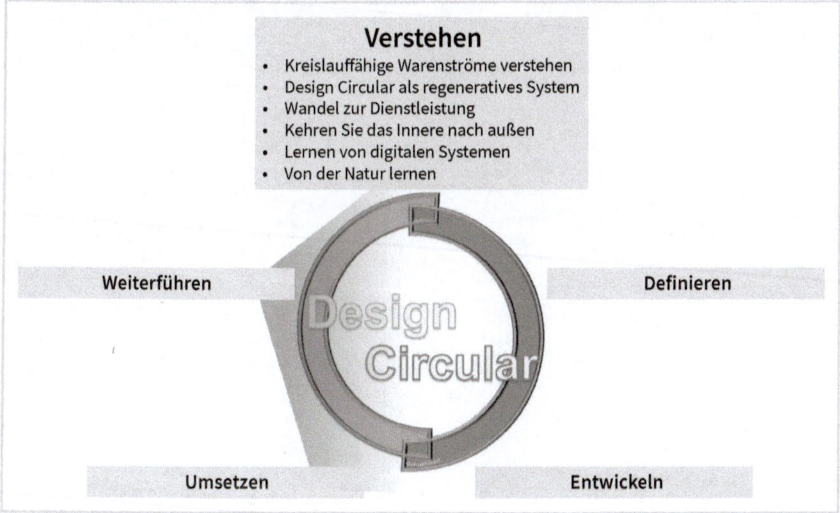


87 https://nachhaltigwirtschaften.at/, 2020.

# 2 VERSTEHEN kreislauffähiger Warenströme

## 2.1 Kreislauffähige Warenströme verstehen

Die nachfolgend aufgeführten und von Design Circular ausgearbeiteten Instrumente und Werkzeuge helfen Ihrem Unternehmen, Ihre Produkte kreislauf- und Ihre Dienstleistungen zukunftsfähig zu machen. Die Design-Circular-Checklisten unterstützen Sie bei der (Weiter-)Entwicklung Ihrer Produkte und Dienstleistungen in Richtung Kreislaufwirtschaft. Per Definition verfügen Produkte im Rahmen der Kreislaufwirtschaft idealerweise über sehr lange oder im besten Fall über »keine« Lebenszyklen mehr. Am Lebensende gelangt das Produkt wieder in einen anderen Kreislauf und wird dort weiterverwendet. Das bedeutet, dass weniger Abfall entsteht, daraus ein geringerer Energieverbrauch resultiert, womit wiederum ein Mehrwert für das Ökosystem entsteht. Die Idealvorstellung sieht vor, Produkte von Anfang an so zu konzipieren, dass sie sich selbst regenerieren resp. wieder in gebrauchsfähigen Zustand versetzen.

### 2.1.1 Kreislauf Ihres Produktes

In diesem ersten Schritt wählen Sie eines Ihrer Produkte aus. Versuchen Sie für das ausgewählte Produkt auf dem nachfolgenden Arbeitsblatt 2.1.5 die IST-Kreisläufe zu zeichnen. Bestimmen Sie die Schleife, die für das gewählte Produkt am besten passt. Falls Sie mit einem bereits existierenden Produkt arbeiten, tragen Sie die Position des Produktes in der entsprechenden Schleife ein.

**Abbildung 18:** Kreislauf eines Produktes

Dabei werden Sie, wie in Abbildung 19 dargestellt, feststellen, dass Sie die inneren Schleifen besser kontrollieren können als die äußeren. Daher sollten sich Ihre Produkte so lange wie möglich in den inneren Kreisen bewegen.

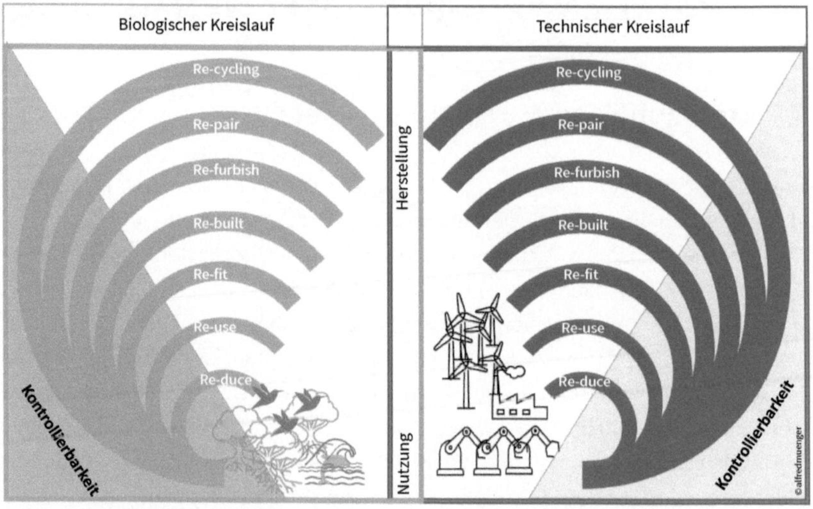


**Abbildung 19:** Produktkreislauf

[Arbeitsblatt]

### 2.1.2 Arbeitsblatt momentaner Status Ihres Produktes

Tragen Sie auf dem Arbeitsblatt die Position Ihres Produktes ein.

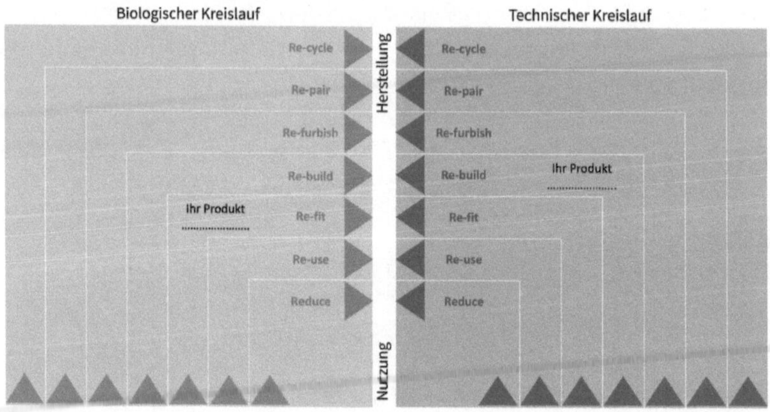


**Abbildung 20:** Arbeitsblatt Produktkreislauf

[Arbeitsblatt]

### 2.1.3 Ideenfindung

Bei diesem Schritt müssen Sie sich folgende Überlegungen machen:

| Wie können Sie möglichst in den inneren Schleifen bleiben? |
| --- |
| |

| Was können Sie im Moment beeinflussen? |
| --- |
| |

### 2.1.4 Neues Produkt/Geschäftsmodell

Im nächsten Schritt analysieren Sie die einzelnen Kreise. Überlegen Sie sich, was Sie aus Ihren existierenden Produkten machen können und was es benötigt, damit eines Ihrer Produkte kreislauffähig wird und in ein neues Geschäftsmodell überführt werden kann. Nutzen Sie dafür die »7-R-Methode«.

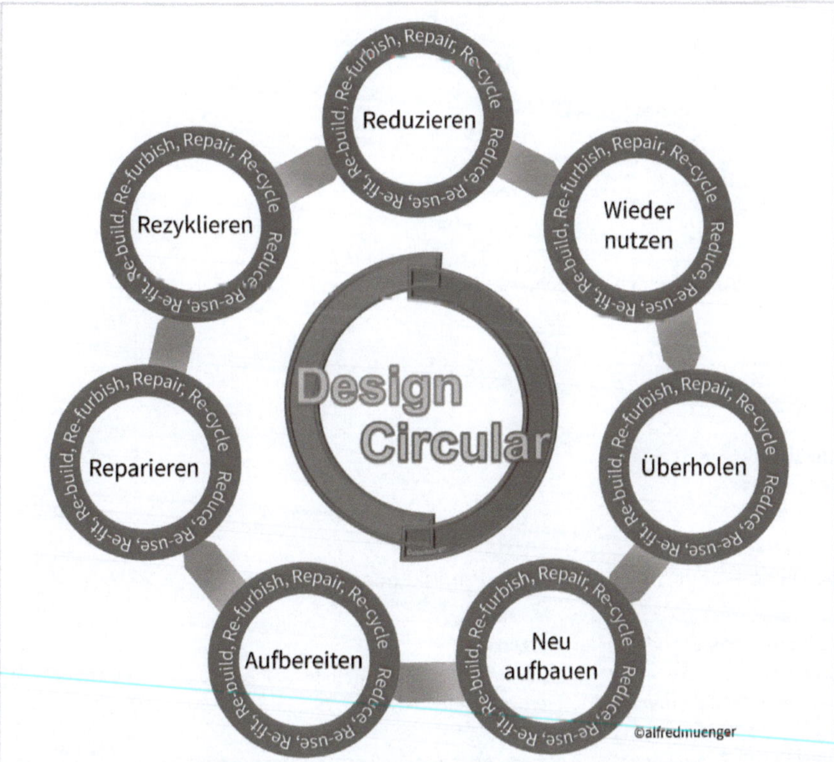


**Abbildung 21:** 7-R-Modell

Suchen Sie mögliche Ausgangspunkte, die Sie nutzen können, um die Produkte kreislauffähig zu machen oder eine neues Geschäftsmodell zu erarbeiten. Zur kreativen Ideenfindung nutzen Sie, wie in Kapitel 2.6.2 respektive Kapitel 4.3 beschrieben, die Möglichkeit eines Brainstormings.

[Arbeitsblatt]

### 2.1.5 Arbeitsblatt: Technischer Kreislauf

| Ihr ausgewähltes Produkt: |
|---|
| |

Besteht die Möglichkeit, dass Sie Ihr Produkt oder Teile davon …

| **1. Reduce = Reduzieren**<br>Wie bei einem Wertanalyseprojekt wird versucht, möglichst Rohstoffe einzusparen oder dort, wo es sinnvoll ist, sie durch alternative Materialien zu ersetzen.<br><br>**Beispiel:** geschlossener Kreislauf mit dem Herstellerwerk, Substitution von Materialien; Kunststoffe ersetzen durch nachwachsende Rohstoffe etc. |
|---|

| Ist dies möglich für das Produkt? |
|---|
| |

| Was müsste unternommen werden, damit es möglich wäre? |
|---|
| |

| **Ihr ausgewähltes Produkt:** |
|---|
| |

Besteht die Möglichkeit, dass Sie Ihr Produkt oder Teile davon …

| **2. Re-use = wieder oder anders nutzen**<br>Die Unternehmen erarbeiten Ideen, wie hergestellte Produkte oder eine große Anzahl ihrer Teile wieder- oder anders verwendet werden können.<br><br>**Beispiel:** PET wird entweder in gleicher oder anderer Form wiederverwendet etc. |
|---|

| Ist dies möglich für das Produkt? |
|---|
| |

| Was müsste unternommen werden, damit es möglich wäre? |
|---|
| |

| **Ihr ausgewähltes Produkt:** |
|---|
| |

Besteht die Möglichkeit, dass Sie Ihr Produkt oder Teile davon …

**3. Re-fit = Überholen**
Viele Produkte sind aufgrund des hohen Anschaffungswertes prädestiniert, einen sogenannten Re-fit über sich ergehen zu lassen. Es ist daher pragmatisch, Unternehmen zu unterstützen, Re-fit-Programme aufzubauen und damit die Kundenbindung zu stärken.

**Beispiel:** Schiffe, die ein gewisses Alter haben, werden einem Re-fit unterzogen

| Ist dies möglich für das Produkt? |
|---|
| |

| Was müsste unternommen werden, damit es möglich wäre? |
|---|
| |

| **Ihr ausgewähltes Produkt:** |
|---|
| |

Besteht die Möglichkeit, dass Sie Ihr Produkt oder Teile davon …

**4. Re-build = Bestehendes neu aufbauen, technologisch aufrüsten**
Bestehende Produkte können weiterverwendet werden. Eine Geschäftsmodelländerung bringt dem Unternehmen eine längerfristige Kundenbindung.

**Beispiel:** Viele Produkte sind heute noch in einem derart guten Zustand, dass sie ohne größere Probleme einen weiteren Lebenszyklus überstehen. Einzig einige Teile müssten ausgetauscht werden.

Ist dies möglich für das Produkt?

Was müsste unternommen werden, damit es möglich wäre?

**Ihr ausgewähltes Produkt:**

Besteht die Möglichkeit, dass Sie Ihr Produkt oder Teile davon …

**5. Re-furbish = Aufbereiten, Upcycling**
Produkte, die (im weitesten Sinne) im Produktlebenszyklus am Ende angelangt sind, werden neu aufgebaut resp. einer anderen Nutzung (Upcycling) zugeführt. Die Produkte, die ein Unternehmen herstellt, können u. U. ohne größeren Aufwand überarbeitet resp. einer neuen Nutzung zugeführt werden.

**Beispiel:** Aus alten Transportpaletten stellt eine Unternehmung neue Möbel her.

Ist dies möglich für das Produkt?

| Was müsste unternommen werden, damit es möglich wäre? |
|---|
| |

| **Ihr ausgewähltes Produkt:** |
|---|
| |

Besteht die Möglichkeit, dass Sie Ihr Produkt oder Teile davon …

**6. Repair = Reparieren**

Eine große Anzahl von Produkten kann heute nur unter (zu) großem Aufwand repariert werden. Daher ist es sinnvoll, in der Designphase eines Produktes neben End-of-Life-Szenarien, auch Reparaturmöglichkeiten zu überprüfen.

**Beispiel:** Bei der Reparatur kann ein Update in Betracht gezogen werden.

| Ist dies möglich für das Produkt? |
|---|
| |

| Was müsste unternommen werden, damit es möglich wäre? |
|---|
| |

| **Ihr ausgewähltes Produkt:** |
|---|
| |

Besteht die Möglichkeit, dass Sie Ihr Produkt oder Teile davon …

**7. Re-cycle = Rezyklieren**

Als letzte Stufe bleibt oftmals, trotz aller Bemühungen, nur noch das Recycling. Produkte zu rezyklieren, ist immer noch besser, als sie definitiv zu entsorgen. Bei bestehenden Produkten stehen die Unternehmen vor der größeren Herausforderung, den Lebenszyklus der hergestellten Produkte zu verlängern oder zu verändern.

Ist dies möglich für das Produkt?

Was müsste unternommen werden, damit es möglich wäre?

**Ihr ausgewähltes Produkt:**

[Arbeitsblatt]

### 2.1.6 Arbeitsblatt: Biologischer Zyklus

Material, Stoffe, Produkte werden in anderen Anwendungen weiterverwendet.

Versuchen Sie Anwendungen zu finden, in denen Ihr Produkt weiterleben kann.
Das Ziel, den Wert der Materialien erhalten und solange wie möglich im Kreislauf zu halten, bevor diese als Nährstoffe wieder in das natürliche Umfeld zurückgeführt werden.

**Beispiel:** Wenn Sie von einem gefällten Baum nur Energie durch Verbrennung gewinnen, vernichten Sie unnötig den Wert des Holzes.

Ist dies möglich für das Produkt?

Was müsste unternommen werden, damit es möglich wäre?

**Ihr ausgewähltes Produkt:**

Material, Stoffe, Produkte werden in anderen Anwendungen weiterverwendet.

Sie verfügen über Produkte mit biologischen Rohstoffen. Diese Wertstoffe können extrahiert werden und bspw. in Bioraffinerien zu neuem Rohmaterial geformt werden.

**Beispiel:** Aus Gras kann Biogas und somit Strom und Wärme erzeugt werden. Zusätzlich aber auch die Feinchemikalien Milchsäure und Aminosäuren, die für die Lebensmittel- und Pharmaindustrie hergestellt werden.

Ist dies möglich für das Produkt?

Was müsste unternommen werden, damit es möglich wäre?

**Ihr ausgewähltes Produkt:**

Material, Stoffe, Produkte werden in anderen Anwendungen weiterverwendet.

Ihr Produkt besteht aus natürlichen Stoffen und kann als Nährstoff in die Umwelt zurückgeführt werden.

**Beispiel:** Kompostierbare Abfälle werden zur Gewinnung von Biogas eingesetzt und die Gärreste werden landwirtschaftlich verwertet.

Ist dies möglich für das Produkt?

Was müsste unternommen werden, damit es möglich wäre?

## 2.2 Design Circular als regeneratives System

Regenerative Systeme stellen sich weitestgehend wieder selbst her und unterstützen die positiven Entwicklungen in der Kreislaufwirtschaft. Dies führt dazu, dass sich die Umwelt verbessert, was die Lebensqualität aller befördert. Die nachhaltige Entwicklung des wirtschaftlichen und ökologischen Systems generiert positiven Nutzen, der direkt ihren Anspruchsgruppen zugute kommt. Das langfristige Denken unterstützt die regenerative Kreislaufwirtschaft und fördert Kreativität, Innovation und schließlich nachhaltiges Wachstum. Regionale Produktionsnetzwerke sind für die wirtschaftliche Weiterentwicklung notwendig, was zweifelsfrei zum Konsum lokaler Produkte und Dienstleistungen anregt.

[Arbeitsblatt]

### 2.2.1 Ganzheitliche Betrachtung

Design Circular nimmt sich einer ganzheitlichen Betrachtung an, die sowohl das Unternehmen, die Anspruchsgruppen als auch das Marktumfeld berücksichtigt. Versuchen Sie, folgende Fragen zu beantworten. Listen Sie so viele Antworten wie möglich auf.

| Frage | Bemerkungen |
| --- | --- |
| Welche Optionen bestehen für das Unternehmen, in Ihre Mitarbeitenden zu investieren (bspw. Aus- und Weiterbildung, mögliche Beteiligung am Unternehmen usw.)? | |
| Welchen Einfluss hat eine besser ausgebildete, wohlhabende und gesündere Gemeinschaft kurz- und mittelfristig auf Ihr Unternehmen? | |
| Wie stellen Sie sicher, dass Talente auf Sie aufmerksam werden und sich längerfristig an Ihr Unternehmen binden? | |

| Frage | Bemerkungen |
| --- | --- |
| Wie gewinnen Sie das Vertrauen und die Unterstützung der lokalen Gemeinschaft? | |
| Wie würde sich die Produktivität erhöhen, wenn Sie einige der vorgängig erarbeiteten Ideen umsetzen? | |
| Wie können Sie als Unternehmen davon profitieren? | |

### 2.2.2 Kenngrößen

Erarbeiten Sie mögliche Kenngrößen, damit Sie die Auswirkungen Ihrer Lösungsansätze messen können.

Sie schaffen dieserart die Möglichkeit, den Nutzen Ihrer Bemühungen und Investitionen von Anfang an auszuweisen. Dies wiederum dient dazu, bestehenden oder potenziellen Partnern sowie möglichen Investoren einen realistischen Geschäftsfall darzustellen. Als Hilfsmittel können Sie die in Kapitel 2.6 aufgezeigte Methode verwenden.

### 2.2.3 Nachhaltige Gewinne

Denken Sie darüber nach, wie Sie mit Ihrem Unternehmen nachhaltig Geld verdienen können. Fokussieren Sie sich nicht auf kurzfristige, sondern auf nachhaltige Gewinne. Die Kreislaufwirtschaft soll dabei immer im Vordergrund stehen. Es geht nicht darum, sich in allen Geschäftsfeldern mit den Konkurrenten zu messen, sondern sich auf seine Kernkompetenzen zu konzentrieren.

## 2.3 Wandel zur Dienstleistung

In diesem Kapitel steht der Wandel vom herkömmlichen Geschäftsmodell: »Verkauft und Vergessen« zum langfristigen Ertragsmodell im Vordergrund. Das Produkt wird in ein Dienstleistungsmodell umgewandelt, sodass, es sich zu einer neuen oder unerwarteten Dienstleistungserfahrung entwickelt:

| **Zu etwas, was niemand erwartet.** |
|---|

Bisherige Produkte werden vermehrt als Dienstleistung angeboten. Als vorzügliches Beispiel dient das Auto: Wie oft brauchen Sie es wirklich? Wäre es nicht einfacher, von Zeit zu Zeit eine Möglichkeit zu haben, ein Fahrzeug zu nutzen? Beginnen Sie, die Bedürfnisse der Nutzer zu verstehen und zu beantworten, wie Sie diese Anforderungen kreativ erfüllen können. Dadurch schaffen Sie die Voraussetzungen, Ihre Organisation effektiver und kreislauffähiger zu gestalten.

Nutzen Sie das nachfolgende Arbeitsblatt 2.3.1 als Training und versuchen Sie anhand der drei alltäglichen Beispiele (Telefon, Kopfhörer, Säge) die Grundbedürfnisse zu definieren.

[Arbeitsblatt]

### 2.3.1 Arbeitsblatt: Bedürfnisse erkennen

| | |
|---|---|
| Identifizieren Sie die Bedürfnisse, welche die drei Produktbeispiele erfüllen. | Was braucht der Benutzer?<br>Bspw. dient ein Auto dem Transport von A nach B |

| | |
|---|---|
| Identifizieren Sie die Bedürfnisse, welche die drei Produktbeispiele erfüllen. | Gibt es andere Wege als den individuellen Besitz des Produktes, um die Bedürfnisse zu befriedigen? (Sharing, Vermietung usw.) |

| | |
|---|---|
| Identifizieren Sie die Bedürfnisse, welche die drei Produktbeispiele erfüllen. | Wie könnte die neue Dienstleistung aussehen? Welche Vorteile könnte es haben, dieses Produkt nicht besitzen zu müssen? |

## 2.3.2 Vom Produkt zur Dienstleistung

[Arbeitsblatt]

Entwickeln Sie für die obigen drei Beispiele neue kreative Ideen. Finden Sie heraus, wie die neue Dienstleistungserfahrung sein könnte. Für die Säge könnte die Lösung in einem Sharing-Modell bestehen, wie das Flottenmanagement von Hilti,[88] das vielleicht durch eine Plattform mit GPS-Technologie unterstützt wird.

## 2.3.3 Eigene Produkte werden zur Dienstleistung

Wählen Sie jetzt ein eigenes Produkt und führen Sie die Schritte eins bis drei auf dem Arbeitsblatt 2.3.4 für das ausgewählte Produkt durch. Beginnen Sie mit den Kundenbedürfnissen, die Sie befriedigen wollen. Kreieren Sie Ideen, wie Sie diese Bedürfnisse kreislauffähig erfüllen könnten. Stellen Sie sich vor, welches Erlebnis, welche Erfahrung, durch die von Ihnen entwickelten Ideen, die neue Dienstleistung beim Kunden auslösen soll. (bspw. Mobilität → Carsharing über eine einfache App)

Beschreiben Sie das dazu gehörende Dienstleistungsmodell, das sowohl für Sie als auch für den Nutzer vorteilhaft ist. Beantworten Sie folgende Fragen:

| Frage | Bemerkungen |
| --- | --- |
| Welche Voraussetzungen müssen erfüllt sein, damit ein erfolgreiches Ergebnis gewährleistet ist? | |
| Welche Partner müssen Sie für diese Veränderungen gewinnen? | |

88 Als Hilti-Flottenkunde können Sie Ihren Gerätepark jederzeit erweitern und Ihrem aktuellen Bedarf anpassen. Kommt es bei einem Ihrer Projekte zu Bedarfsspitzen, mieten Sie zusätzliche Geräte einfach auf Zeit hinzu. So haben Sie immer die richtige Anzahl an passenden Gerätetypen im Einsatz. https://www.hilti.ch/content/hilti/E3/CH/de/services/tool-services/elektrowerkzeuge-flottenmanagement.html abgerufen am 18.08.2020.

| Frage | Bemerkungen |
|---|---|
| Welche Rückmeldungen und/oder Daten sind wichtig, um die richtigen Schlüsse zu ziehen? | |
| Welche Technologien nutzen Sie zur Datenerfassung? | |
| Könnten die Daten für andere auch interessant sein? (Evtl. könnten Sie diese Daten verkaufen.) | |

[Arbeitsblatt]

### 2.3.4 Arbeitsblatt: Eigenes Produkt als Dienstleistung anbieten

| Ihr Produkt |
|---|
| |

▼

| Was braucht der Benutzer? |
|---|
| |

▼

| Gibt es andere Wege, die Bedürfnisse zu befriedigen, als den individuellen Besitz des Produktes? |
|---|
| |

Wie könnte die neue Dienstleistung aussehen?

Welche Voraussetzungen müssen erfüllt sein, um diese Dienstleistung erfolgreich anzubieten?

## 2.4 Kehren Sie das Innere nach außen

Sie entwickeln ein besseres Verständnis für Ihre Produkte, wenn Sie sich mit diesen näher befassen. Häufig bestehen die von Ihnen hergestellten Produkte aus vielen einzelnen Systemen und Komponenten. In diesem Kapitel ist es wichtig, dass Sie darüber reflektieren, bei welchem Produkt die besten Chancen bestehen, es in die Zirkularität zu überführen. Dieses Produkt sollten Sie näher betrachten und das Innere nach außen kehren.

### 2.4.1 Produkt definieren

Entscheiden Sie im Team, welches Ihrer Produkte Sie gerne auseinandernehmen möchten. Falls Sie in einem ersten Schritt eine Übung durchführen wollen, nehmen Sie ein nicht mehr gebrauchtes, alltägliches, technisches Produkt wie ein altes Mobiltelefon, einen alten Drucker oder ein altes Radio etc. Betrachten Sie diese Aktivität als praktischen Einstieg in die Analyse von Materialströmen und das Verständnis für die umfassenderen Systembedingungen, die zur Herstellung eines Produktes erforderlich sind.

### 2.4.2 Produkt zerlegen

**[Arbeitsblatt]**

Danach zerlegen Sie das Produkt mit den entsprechenden Werkzeugen (Schraubenzieher, Zangen usw.). Ordnen Sie alle Komponenten nach Größe und/oder Materialart. Nutzen Sie das Arbeitsblatt 2.4.5 »Demontage«, es erleichtert Ihnen die Arbeit.

Nehmen Sie ein für Sie alltägliches Produkt und zerlegen Sie es. Versuchen Sie ein Verständnis für die Auswirkungen der Demontage und Rückgewinnung von Materialien und das Teilen zu entwickeln.

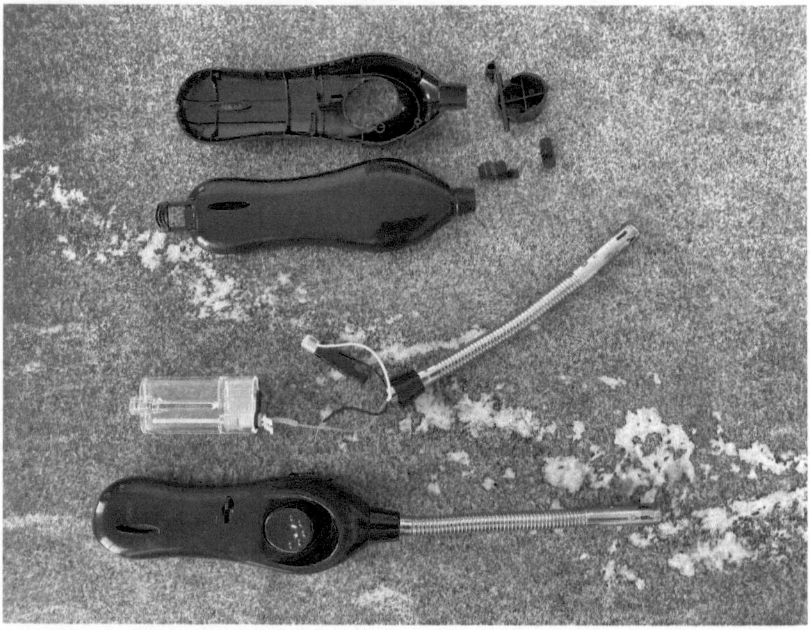

**Abbildung 22:** Produkt zerlegen

| Frage | Bemerkungen |
| --- | --- |
| Was ist für die Herstellung dieses (Alltags-)Produktes notwendig? | |
| Wie wird das Produkt zusammengehalten? (Schrauben, Clips, verschweißt etc.) | |
| Welche Komponenten werden wirklich und weshalb benötigt? | |

### 2.4.3 Möglichkeiten zur Weiterverwendung

[Arbeitsblatt]

Nach dem Zerlegen beschäftigen Sie sich mit folgenden Fragen:

| Frage | Bemerkungen |
|---|---|
| Welche Materialien und Komponenten könnten aus diesem Gerät zurückgewonnen und wiederverwendet werden? | |
| Produziert der Hersteller einzelne Teile, wenn Sie z. B. nur eine Batterie austauschen müssen? | |
| Ist es wirtschaftlich sinnvoll, das Produkt so zu zerlegen, wie Sie es getan haben? | |
| Wenn nicht, was muss geändert werden, um ebendies zu erreichen? | |

Um eine wirtschaftliche Weiter-/Wiedernutzung zu garantieren, könnten Sie eine Reihe von Maßnahmen in Betracht ziehen, z. B. ein Produktdesign, ein neues Geschäftsmodell.

### 2.4.4 Kreislauffähige Lösung suchen

Nachdem Sie das Produkt zerlegt haben, besprechen Sie mit Ihrem Team, was Sie mit den Komponenten und Teilen machen können. Existieren Möglichkeiten, eine kreislauffähige Lösung zu finden, anstatt das Produkt einfach wegzuwerfen?

Nutzen Sie die nachfolgende Checkliste, um die Montage und Demontage so zu entwerfen, dass eine Reparatur, ein Aus- oder Umbau einfach möglich sind. Erfassen Sie das Produkt/System als Ganzes.

[Arbeitsblatt]

### 2.4.5 Checkliste Demontage

Konzipieren Sie die Montage/Demontage des Produktes nach den folgenden Gesichtspunkten:

| Gesichtspunkte der Montage/Demontage | | | Bemerkungen |
|---|---|---|---|
| Ist das Produkt für eine einfache Demontage ausgelegt? | Ja ☐ | Nein ☐ | |
| Minimale Anzahl an Teilen? | Ja ☐ | Nein ☐ | |
| Einfache Struktur und Form? | Ja ☐ | Nein ☐ | |
| Werden nur wenige Standardwerkzeuge zur Demontage benötigt? | Ja ☐ | Nein ☐ | |

| Gesichtspunkte der Montage/Demontage | | | Bemerkungen |
| --- | --- | --- | --- |
| Minimale Anzahl und Arten von Verbindungselementen? | Ja ☐ | Nein ☐ | |
| Hält ein Befestigungselement mehrere Teile? | Ja ☐ | Nein ☐ | |
| Sind die Befestigungselemente (Schrauben etc.) einfach zugänglich? | Ja ☐ | Nein ☐ | |
| Druckknöpfe, Reißverschlüsse oder Klammern statt Schrauben oder Klebstoffe? | Ja ☐ | Nein ☐ | |
| Ist die Montage/Demontage mit manueller Kraft möglich? | Ja ☐ | Nein ☐ | |
| Grobgewindeschrauben für Schnelligkeit;<br>Muttern und Bolzen für Festigkeit? | Ja ☐ | Nein ☐ | |

| Gesichtspunkte der Montage/Demontage | | | Bemerkungen |
|---|---|---|---|
| Befestigungselemente für den Verwendungszweck geeignet (wiederholte Verwendung, Festigkeit)? | Ja ☐ | Nein ☐ | |
| Gute visuelle Dokumentation über Montage und Demontage im Produkt eingebettet? | Ja ☐ | Nein ☐ | |

Ausrichtung der Produktgestaltung für eine einfache Reparatur und Upgrades: Denken Sie an Folgendes:

| Produktgestaltung für eine einfache Reparatur und Upgrades | | | Bemerkungen |
|---|---|---|---|
| Basiert das Design auf modularen Baugruppen, um ganze Komponenten leicht austauschbar zu machen? | Ja ☐ | Nein ☐ | |
| Ist es einfach, diejenigen Komponenten zu identifizieren und zu erreichen, die voraussichtlich gewartet oder aufgerüstet werden müssen? | Ja ☐ | Nein ☐ | |
| Eignet sich das Design für leicht installierbare Updates/Upgrades? | Ja ☐ | Nein ☐ | |

| Produktgestaltung für eine einfache Reparatur und Upgrades | | | Bemerkungen |
|---|---|---|---|
| Sind die Diagnosewerkzeuge zur Identifizierung abgenutzter oder veralteter Teile eingebaut oder leicht anzuschließen? | Ja ☐ | Nein ☐ | |

Entwerfen Sie die einzelnen Bestandteile kreislauffähig resp. versuchen Sie, die Materialkreisläufe zu schließen:

| Bestandteile kreislauffähig entwerfen, Materialkreisläufe schließen | | | Bemerkungen |
|---|---|---|---|
| Hat jede einzelne Komponente einen definierten Nutzungszeitraum? | Ja ☐ | Nein ☐ | |
| Können die einzelnen Materialien leicht zurückgewonnen werden? | Ja ☐ | Nein ☐ | |
| Wird die Anzahl der Materialien auf ein Minimum beschränkt? | Ja ☐ | Nein ☐ | |
| Sind die Teile zur einfachen Identifizierung der Materialien gekennzeichnet? | Ja ☐ | Nein ☐ | |

Entwurf für ein optimales Geschäftsmodell

| Geschäftsmodell | | | Bemerkungen |
|---|---|---|---|
| Fördert die Garantie die Reparatur, den Service und den Austausch von Komponenten? | Ja ☐ | Nein ☐ | |
| Basiert das gesamte Geschäftsmodell auf Product-as-Service? | Ja ☐ | Nein ☐ | |
| Basiert das gesamte Geschäftsmodell auf dem Prinzip des geschlossenen Kreislaufs? | Ja ☐ | Nein ☐ | |

## 2.5 Lernen von digitalen Systemen

Nehmen Sie sich die Komponenten digitaler Systeme als Vorbild und reflektieren Sie, wie Sie Merkmale wie agile Entwicklung, kontinuierliche Feedbackschleifen und Skalierbarkeit für Ihre Entwicklungen nutzen können. Da immer mehr Softwareentwickler einen agilen Prozess verwenden, sind digitale Systeme von Natur aus so konzipiert, dass sie sich entwickeln, skalieren und dass sie rückkopplungsfähig sind. Merkmale, die von Natur aus kreislauffähig sind, iterieren und können als solche für weitere Inspiration bei der Anwendung von Design Circular dienen.

### 2.5.1 Wahl digitaler Plattformen

[Arbeitsblatt]

Listen Sie einige Ihrer bevorzugten digitalen Plattformen oder Dienste auf. Idealerweise sollten sie schon länger existieren. Wählen Sie danach eine aus und beantworten Sie folgende Fragen:

| Frage | Bemerkungen |
|---|---|
| **Ausgewählte Plattform:** | |
| Wie ist diese Plattform (das Geschäft) gewachsen? | |
| Welche Erkenntnisse/Eigenschaften haben dem Plattformbetreiber geholfen, diese sukzessive zu entwickeln? | |
| Wie erhalten die Plattformbetreiber Feedback von ihren Nutzern? | |
| Wie hat sich die Plattform als Ganzes weiterentwickelt? | |

| Frage | Bemerkungen |
| --- | --- |
| Wie hat sich die Entwicklung auf das Geschäftsmodell ausgewirkt? | |
| Wie werden die Entwickler, die Designer etc. bei Laune gehalten, um sich immer wieder zu hinterfragen und Verbesserungen zu implementieren? | |
| Wie sehen die Iterationszyklen aus? | |
| Wie erfolgen die Iterationen? | |

[Arbeitsblatt]

### 2.5.2 Produkt-/Dienstleistungsidee

Skizzieren Sie Ihre eigene Produkt- oder Dienstleistungsidee und versuchen Sie, Folgendes herauszufinden: Welche Lehren können Sie aus der Art und Weise, wie das digitale System funktioniert, hinsichtlich Ihres eigenen Produktes ziehen?

| Skizze Ihrer Produkt-/Dienstleistungsidee |
| --- |
| |

## 2.6 Von der Natur lernen

»Wie würde die Natur dieses Problem lösen?« Mit dieser Frage können Sie Ihre Design Circular-Herausforderung ausgezeichnet anpacken.

**Abbildung 23:** Bionik, aus der Natur lernen

Eruieren Sie, ob die Lösung für Ihr Produkt oder Ihre Dienstleistung in einem biologischen System zu finden ist bzw. wie Sie sich davon inspirieren lassen können. Lassen Sie sich von dem Gedanken leiten, dass die Lösungen der Natur per se kreislauffähig und ganzheitlich sind.

Biodesign, Bionik und Biomimikry beschäftigen sich mit der Übertragung von Lösungen aus der Natur in die Technik. Kurz gesagt, die Bionik ist das Design von Produkten und Systemen, die sich an bestehenden biologischen Prozessen orientieren. In natürlichen Kreisläufen sind auch Feedbackschleifen zu finden, die häufig übersehen werden. Der Blick über den Tellerrand Ihrer Branche hinaus ist eine gute Möglichkeit, sich für die Entwicklung Ihrer eigenen Ideen inspirieren zu lassen.

Die Natur ist eine Möglichkeit, dies zu tun. »Lebende Systeme haben 3,8 Milliarden Jahre Forschung und Entwicklung hinter sich« sagt Janine Benyus (Mitbegründerin des Biomimicry Instituts). Sie hat in ihrem Buch »Biomimicry: Innovation Inspired By Nature« neun Prinzipien[89] formuliert:

- Die Natur arbeitet mit Sonnenlicht.
- Die Natur verbraucht nur die Energie, die wirklich notwendig ist.
- Die Natur passt die Form an die Funktion an.
- Die Natur recycelt alles.
- Die Natur belohnt Kooperation.
- Die Natur baut auf Vielfalt.
- Die Natur verlangt Kompetenz vor Ort.
- Die Natur stoppt Überschuss von innen heraus.
- Die Natur erschließt sich die Kraft der Begrenzung.

Überlegen Sie sich, welche dieser Punkte Sie in Ihren Lösungsansatz integrieren können.

[Arbeitsblatt]

### 2.6.1 Design-Herausforderung

Schreiben Sie Ihre Design-Herausforderung auf. Identifizieren Sie die Bedürfnisse, die Ihr Produkt oder Ihre Dienstleistung befriedigen soll. Skizzieren Sie den Nutzen, den Sie generieren wollen, gehen Sie aber noch nicht ins Detail. Ein Gedanke könnte bspw. sein: »Das Produkt muss eine Flüssigkeit sicher transportieren«.

| Skizzieren Sie den Nutzen Ihrer Design-Herausforderung |
| --- |
| |

[Arbeitsblatt]

### 2.6.2 Brainstorming

Führen Sie nun ein Brainstorming durch. Definieren Sie Nutzen und/oder Funktionen, die Ihr Produkt oder Ihre Dienstleistungen erfüllen müssen. Suchen Sie verschiedene Lösungsvarianten, auch solche aus der Natur. Versuchen Sie, so viele Ideen wie möglich zu sammeln. Beim vorherigen Beispiel des sicheren Transports von Flüssigkeiten geht es offensichtlich um eine Flasche. Sie könnte aus biologisch abbaubarem Material bestehen.

89 https://biomimicry.org/janine-benyus/first-chapter-biomimicry-innovation-inspired-nature/ abgerufen am 13.04.2021.

Lösungsvarianten

### 2.6.3 Möglichkeiten erarbeiten

[Arbeitsblatt]

Mit der Liste der Möglichkeiten, die Sie erarbeitet haben, können Sie nun Richtlinien für Ihre Produkte und Dienstleistungen entwickeln. Bewahren Sie Ihr Ziel vor Augen: Die Verpackung ist nach Gebrauch biologisch abbaubar.

Richtlinien für Ihre Produkte und Dienstleistungen

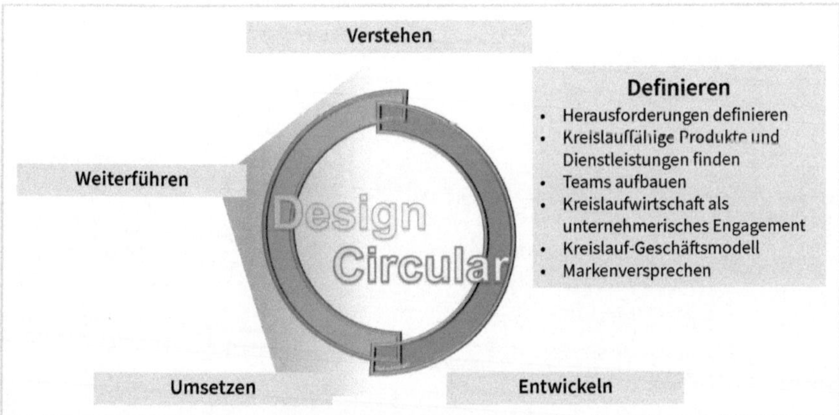

# 3 DEFINIEREN kreislauffähiger Herausforderungen

## 3.1 Herausforderungen definieren

Beschreiben und formulieren Sie, für welche Herausforderungen Sie in Bezug auf die Kreislauffähigkeit eine Lösung wollen. Definieren Sie, welchen Nutzen bzw. welche Wirkungen Sie sich von der Lösungsoption erhoffen. Setzen Sie sich mit Ihrem Team zusammen und erarbeiten Sie die Ziele, die Sie erreichen wollen. Kreislauffähiges Design ist von Natur aus systemisch, daher ist es sinnvoll, eine klare Vorstellung resp. Definition davon zu haben, welches Problem man zu lösen versucht und wie man dies zu tun gedenkt. Letztlich ist hierfür ein interdisziplinärer Ansatz erforderlich (siehe Kapitel 3.3 mit Empfehlungen zur Zusammensetzung der Teams).

### 3.1.1 Team erstellen

Konstituieren Sie ein Team nach der Diversity-Idee, das sich den gestellten Aufgaben widmet. Stellen Sie es möglichst so zusammen, dass a) die Demographie, b) der Ausbildungsstand und c) die Hierarchien in allen Teams ideal abgebildet sind.

### 3.1.2 Zielerreichung mit dem Team [Arbeitsblatt]

Erklären Sie dem Team Ihr Ziel. Die Herausforderung darf anspruchsvoll sein, sollte aber vom Team als lösbar empfunden werden. Auf diese Art werden neue und einzigartige Lösungen kreiert. Beantworten Sie folgende Fragen:

| Frage | Bemerkungen |
|---|---|
| Welche Auswirkungen erhoffen Sie sich? (Setzen Sie sich zuerst ein kleines und erreichbares Ziel.) | |

| Frage | Bemerkungen |
| --- | --- |
| Wie sieht die erfolgreiche Lösung aus? | |
| Wie wissen Sie, wie Sie diese erreicht haben (Messbarkeit)? | |
| Was/wer unterstützt Sie? | |
| Wie können Sie diese Kräfte verstärken? | |
| Was/wer wirkt gegen Sie? | |
| Wie wollen Sie diese Herausforderungen anpacken? | |

### 3.1.3 Kreativität

[Arbeitsblatt]

Geben Sie allen Teammitgliedern eine Stimme. Nutzen Sie Werkzeuge wie Lego®SeriousPlay® oder andere Kreativitätstechniken.

**Abbildung 24:** Lego®SeriousPlay® ©alfredmuenger

Nehmen Sie sich die notwendige Zeit, um Hindernisse zu eliminieren. Dies ist wesentlich, weil Sie Erfolg haben wollen. Definieren Sie die Vorgehensweise zur Umsetzung.

**Wichtig: Setzen Sie um!**

| Frage | Bemerkungen |
| --- | --- |
| Welche Schritte unternehmen Sie, um das Ziel zu erreichen? | |

| Frage | Bemerkungen |
|---|---|
| Welche Fragen muss Ihr Team lösen, um vorwärtszukommen? | |
| Wer sind die Schlüsselakteure und Mitarbeiter, die Sie benötigen, um alles zu verwirklichen? | |
| Welche Geschichte können Sie zur angestrebten Lösung erzählen und wie können Sie sie mit anderen teilen? | |
| Welche nächsten Schritte unternehmen Sie? | |

### 3.1.4 Erkenntnisse teilen

Die gewonnen Erkenntnisse halten Sie fest und kommunizieren Sie derart, dass jeder in Ihrer Gruppe dieselbe Basis hat und sie bei Bedarf weiteren Interessierten mitteilen kann. Das Weitererzählen der gewonnenen Erkenntnisse ermöglicht Ihnen aufzuzeigen, welche Lösungen Sie für die Herausforderungen in Bezug auf die Kreislauffähigkeit Ihres Produktes/Ihrer Dienstleistung haben und welchen Nutzen Sie mit der Lösung anstreben. Darüber hinaus bietet sich die Gelegenheit, ein Team zusammenzustellen und sich auf das/die von Ihnen verfolgten Ziel(e) und den Lösungsansatz auszurichten.

### 3.1.5 Arbeitsblatt: Hindernisse beseitigen

[Arbeitsblatt]

| **Brainstorming: Wie kann ich Hindernisse beseitigen bzw. nicht entstehen lassen?** |
| --- |

Beispiele, was Sie vermeiden möchten:

- Kunden zu verlieren,
- giftige Materialien zu verwenden,
- dass ein gemeinsam genutztes Produkt beschädigt wird,
- etc.

Finden Sie Folgendes heraus:

| Welche Kräfte wirken gegen Sie? |
| --- |
| |

| Wie werden Sie mit diesen Herausforderungen umgehen, wenn Sie mit ihnen konfrontiert sind? |
| --- |
| |

## 3.2 Kreislauffähige Produkte und Dienstleistungen finden

Identifizieren Sie Möglichkeiten, wie ihre Produkte, resp. Dienstleistungen kreislauffähig gemacht werden können. Verfolgen Sie eine Politik der kleinen Schritte oder der Quick Wins, dies hilft Ihnen, das Projekt besser zu strukturieren. Wenn Sie Ihr Produkt, Ihre Dienstleistung oder Ihre Organisation kreislauffähig gestalten wollen, überlegen Sie, worauf Sie unmittelbaren Einfluss haben und starten Sie damit. Während Sie kleine Erfolge erzielen, behalten Sie das große Ganze im Auge und rollen Ihre Lösung im Laufe der Zeit aus.

### 3.2.1 Schwerpunkte finden

Wählen Sie ein Produkt, eine Dienstleistung oder eine geschäftliche Herausforderung aus, auf die Sie sich konzentrieren wollen. Wenn Sie keinen aktuellen Schwerpunkt haben, aber diesen Prozess nutzen möchten, finden Sie hier Beispiele für mögliche Herausforderungen. Halten Sie schriftlich fest, welchen Nutzen bzw. welche Lösung Ihr Produkt oder Ihre Dienstleistung den Anwendern bringt.

[Arbeitsblatt]

### 3.2.2 Fragebogen: Kreislauffähige Produkte und Dienstleistungen zu finden

Folgende Fragen helfen Ihnen, mögliche Bereiche zu finden, die Sie kreislauffähig gestalten wollen. Können Sie die Fragen mit Ja beantworten, notieren Sie die Möglichkeiten und Überlegungen, die für Ihr Unternehmen machbar sind. Suchen Sie Anwendungen, die kreislauffähig sind. Denken Sie stets an die Kernbedürfnisse, die Ihr Produkt/Dienstleistung erfüllen soll.

| Fragen | | | Bemerkungen |
|---|---|---|---|
| Ist eine Verlängerung der Produktlebensdauer möglich? | Ja ☐ | Nein ☐ | ______ |
| Kann Ihr Produkt in irgendeiner Weise zu einer Dienstleistung werden? | Ja ☐ | Nein ☐ | ______ |
| Können Sie es Ihren Benutzern vereinfachen, das Produkt selbst zu reparieren? | Ja ☐ | Nein ☐ | ______ |
| Können Sie Ihr Produkt modularer gestalten, sodass einzelne Komponenten leichter aufgerüstet oder ersetzt werden können? | Ja ☐ | Nein ☐ | ______ |

| Fragen | | | Bemerkungen |
|---|---|---|---|
| Können Sie einen Wartungs-/Servicedienst anbieten, um die Lebensdauer des Produkts zu verlängern? | Ja ☐ | Nein ☐ | |
| Können Sie direkt mit Ihrem Hersteller zusammenarbeiten, um Ihre Produkte nach dem ersten Gebrauchszyklus instand zu stellen? | Ja ☐ | Nein ☐ | |
| Können Sie Abfälle oder recycelte Materialien für Ihre Materialien verwenden? | Ja ☐ | Nein ☐ | |
| Können Ihre benutzten Materialien tendenziell lokal beschafft werden? | Ja ☐ | Nein ☐ | |
| Kann Ihre Produktion stärker lokal angesiedelt werden? | Ja ☐ | Nein ☐ | |
| Kann Ihr Produkt in irgendeiner Weise in den Biokreislauf integriert werden? | Ja ☐ | Nein ☐ | |

### [Arbeitsblatt] 3.2.3 Kreislaufmöglichkeiten

Basierend auf Ihren Überlegungen zu den einzelnen Kreislaufmöglichkeiten sollten Sie die Produkte identifizieren, die sich als idealer Ausgangspunkt für Ihr weiteres Vorgehen eignen.

| Frage | Bemerkungen |
| --- | --- |
| Welche Ihrer Möglichkeiten bietet eine gute Startbasis? | |
| Welche der Möglichkeiten könnten Sie am unmittelbarsten erreichen? | |
| Welches ist das Potenzial für einen verbesserten Kunden- und Geschäftsnutzen? | |

Beachten Sie, dass Anregungen von Dritten (= Außensicht) mit Blick darauf hilfreich sind, welche der Gelegenheiten Sie (weiter-)verfolgen sollten.

### 3.2.4 Projektskizze

[Arbeitsblatt]

Erstellen Sie eine Skizze für das Projekt, das Sie verfolgen wollen …

| Skizzieren Sie Ihr Projekt |
| --- |
| |

Beantworten Sie die nachfolgenden Fragen:

| Frage | Bemerkungen |
| --- | --- |
| Würde diese Innovation den Kundennutzen in irgendeiner Weise verbessern? | |
| Welcher Art sind die Anforderungen an diese Veränderung/Verbesserungen, die momentan nicht vorhanden sind? | |
| Wie könnte dies Ihre Geschäftsstrategie beeinflussen? | |

| Frage | Bemerkungen |
|---|---|
| Wie könnte dies Ihre finanziellen Möglichkeiten beeinflussen? | |
| Welche Ressourcen und/oder Mitarbeiter benötigen Sie, um dies zu realisieren? | |
| Was sind die nächsten Schritte, damit Sie diesen Prozess in Gang bringen? | |

Im nächsten Schritt definieren Sie die Aufgaben, um das Modell darzustellen und einen Einstieg in die Welt der Kreislaufwirtschaft zu erhalten.

[Arbeitsblatt]

### 3.2.5 Arbeitsblatt Kreislaufmodell

Übernehmen Sie eine Idee, die Sie in den vorgängig erstellten Arbeitsblättern identifiziert haben und konkretisieren Sie diese.

| Welche Idee verfolgen Sie weiter? |
|---|
| |

| Welche Kreislaufmöglichkeiten haben Sie identifiziert? |
|---|
| |

| Wird diese Innovation das Kundenerlebnis in irgendeiner Weise verbessern? |
|---|
| |

| Welche Anforderungen müssen erfüllt werden, die heute nicht existieren? |
|---|
| |

| Wie wirken sich diese Erfordernisse auf Ihre finanziellen Möglichkeiten resp. auf Ihre Geschäftsstrategie aus? |
|---|
| |

| Welche Ressourcen/Mitarbeitende brauchen Sie, um die Aufgaben zu verwirklichen? |
|---|
| |

| Was sind Ihre nächsten Schritte, damit der Prozess in Gang gesetzt wird. |
|---|
| |

## 3.3 Teams aufbauen

Wie bei allen Designprozessen sind interdisziplinäre Teams bei der Entwicklung in Richtung Kreislaufwirtschaft wichtig. Stellen Sie die Teams so zusammen, dass verschiedene Altersgruppen, Kulturen, Managementebenen sowie das Wissen, die Fachkenntnisse und die Kreativität breit gefächert sind. Die Diversität erlaubt, Ihre Beziehungen zu den Interessengruppen aufzubauen und die zukünftige Umsetzung zum Erfolg zu führen. Durch die Vielfalt des Wissens und Denkens sind interdisziplinäre Teams kreativer und können Ideen schneller und besser umsetzen. Definieren Sie gemeinsame Ziele und die Regeln der Zusammenarbeit. Die Vielfalt an Perspektiven bedingt ganzheitliches Denken. Die Fähigkeiten und die Stärken solcher Teams führen zu einer kreativen Auseinandersetzung mit dem Thema und sind ein Schlüsselelement für die Eröffnung bzw. Wege und wie Sie die Dinge künftig tun.

### 3.3.1 Teammitglieder

Nehmen Sie die ursprüngliche Auftragsskizze (Kapitel 3.1) zur Hand und definieren Sie, wer einbezogen werden sollte, damit dieses Projekt erfolgreich ist. Stellen Sie eine Projektorganisation auf, die aus dem Projektleiter, Entwicklern, Konstrukteuren, Designern, Umsetzern und/oder technische Experten und Beratern besteht.

[Arbeitsblatt]

### 3.3.2 Erwartungen an das Team

Stellen Sie sicher, dass das Team versteht, welche Erwartungen und Ziele Sie haben. Bedenken Sie, dass das Engagement des Teams bei einem solchen Projekt nicht zu unterschätzen ist. Daher werden sich die Teammitglieder häufig nicht in den regulären Strukturen Ihres Unternehmens bewegen. Geben Sie dem Team die notwendige Zeit, sich zu konstituieren. Definieren Sie gemeinsam das Ziel, resp. stellen Sie sich mit dem Team der Herausforderung.

Beim ersten Teammeeting sollten Sie folgende Aspekte beantworten:

| Frage | Bemerkungen |
|---|---|
| Wer übernimmt die Federführung? | |
| Wer wird den Designprozess führen? | |

| Frage | Bemerkungen |
| --- | --- |
| Wer unterstützt Sie mit Fachwissen über bewährte Praktiken im Bereich der Kreislaufwirtschaft? | |
| Wer wird die Umsetzung leiten? | |
| Mit welchen Partnern außerhalb Ihrer Organisation möchten Sie zusammenarbeiten? | |

### 3.3.3 Zusammenarbeit

[Arbeitsblatt]

Danach sollten Sie zunächst klären, mit wem Sie die Zusammenarbeit planen. Falls es hilfreich ist, sollten Sie auf Ihre Auftragsskizze zurückgreifen und die folgenden Fragen beantworten:

| Frage | Bemerkungen |
| --- | --- |
| Wie werden Sie intern zusammenarbeiten? | |
| Was sind die kreativen Herausforderungen? | |

| Frage | Bemerkungen |
|---|---|
| Wie können diese helfen, neue Wege zu finden und bestehende Wege zu verlassen? | |
| Wie werden Sie mit externen Partnern zusammenarbeiten? | |
| Wie werden Sie Ihre wichtigsten Anspruchsgruppen einbeziehen, um sicherzustellen, dass sie sich beteiligt fühlen (aus Betroffenen Beteiligte machen?) | |
| Wie werden Sie Ihre Nutzer über die gesamte Wertschöpfungskette hinweg einbinden? | |

### [Arbeitsblatt] 3.3.4 Projektetappen

Beschreiben Sie die Projektetappen und halten Sie schriftlich fest, was Sie gemeinsam entschieden haben. Dies ist wichtig, damit sich alle Beteiligten im Verlauf des Projektes darauf beziehen können.

| Projektetappe | Kommentare |
|---|---|
| 1. | |

| Projektetappe | Kommentare |
|---|---|
| 2. | |
| 3. | |
| 4. | |
| n | |

## 3.4 Kreislaufwirtschaft als unternehmerisches Engagement

Bevor Sie Ihr Produkt oder Ihre Dienstleistung auf den Markt bringen, ist es unabdingbar, die wichtigsten Interessengruppen (Investoren, Mitarbeitende, interne Stakeholder und Entwicklungs-/Designteams etc.) zu identifizieren. Skizzieren Sie die Interessen dieser Anspruchsgruppen und versuchen Sie, deren Perspektive zu verstehen. Überlegen Sie sich, wie Sie die Interessengruppen von der Mitgestaltung bis hin zur Marktreife einbinden und diese am Projekt mitarbeiten können. Erarbeiten Sie die notwendigen Kommunikationspläne, um die Anspruchsgruppen für Ihr Projekt zu begeistern. Kommunizieren Sie Ihre Erfolge (auch die kleinen), damit Sie die Begeisterung für Ihr Projekt aufrechterhalten können. Informieren Sie die Anspruchsgruppen regelmäßig, um sich ihrer Unterstützung zu versichern. Entwickeln Sie Strategien, wie Sie die Interessengruppen von Beginn an und während des gesamten Projekts einbeziehen.

### 3.4.1 Interessengruppen

**[Arbeitsblatt]**

Ordnen Sie die Interessengruppen entsprechend dem folgenden Arbeitsblatt.

Erstellen Sie zwei verschiedene Arbeitsblätter,

- eines für die internen Anspruchsgruppen, die im Unternehmen beteiligten Personen und
- eines für die externen Anspruchsgruppen, d.h., die externen Partner, mit denen Sie Ihre Geschäftsidee erarbeiten.

Führen Sie mithilfe folgender Leitfragen mit den Anspruchsgruppen Gespräche, um deren Blickwinkel besser zu verstehen.

| Frage | Bemerkungen |
| --- | --- |
| Welches sind für Sie die wichtigsten Eigenschaften des Produktes/der Dienstleistung? | |
| Welche Herausforderungen beschäftigen Sie am meisten? | |
| Wie lösen Sie diese Herausforderungen? | |
| Wer unterstützt Sie bei der Ideenfindung? | |
| Was hält sie nachts wach? | |

| Frage | Bemerkungen |
|---|---|
| Wie lösen die Anspruchsgruppen ihre Probleme? | |
| Wen kennen Sie, der Ihre Idee bereitwillig unterstützen könnte? | |
| Was ist für sie am wichtigsten? | |

### 3.4.2 Perspektiven

Bauen Sie auf diesen Perspektiven auf und entwickeln Sie für jede Person/Anspruchsgruppe einen Gesprächsleitfaden. Bedenken Sie, dass die Fragen von Person zu Person variieren können. Grundüberlegung: Was ist für die Person am wichtigsten?

### 3.4.3 Früher Prototyp [Arbeitsblatt]

Wenn Sie Ihren Bericht beendet haben, überlegen Sie sich, ob die Möglichkeit besteht, einen Prototypen zu zeigen. Dies kann eine einfache Skizze sein, um das Interesse zu wecken. Für das Gespräch können Sie sich an folgenden Fragen orientieren:

| Frage | Bemerkungen |
|---|---|
| Können Sie sich vorstellen, wie Sie Ihren Vorschlag für sich nutzen können? | |
| Wie können Sie mit dem Gesprächspartner zusammenarbeiten? | |
| Welche Informationen benötigen Sie, um sich ein Gesamtbild zu schaffen? | |
| Wie können Sie kurzfristig und zu minimalen Kosten eine Machbarkeitsstudie erstellen, um mögliche Risiken zu minimieren? | |
| Was müssen Sie noch wissen? | |
| Wie könnten Sie schnell und zu minimalen Kosten ein Proof-of-Concept zeigen, um das Risiko zu mindern? | |

### 3.4.4 Arbeitsblatt 1: Kreislaufwirtschaft als unternehmerisches Engagement

[Arbeitsblatt]

Listen Sie Ihre Anspruchsgruppen in dieser Matrix und deren mögliches Engagement auf.

Machen Sie dies sowohl für die internen als auch externen Anspruchsgruppen (auf zwei verschiedenen Blättern).

| | | |
|---|---|---|
| **hoch** ⇩ **Wichtigkeit** ⇧ | Eng begleiten/informiert halten<br>•<br>• | Enge Zusammenarbeit anstreben<br>•<br>• |
| **tief** | Im Auge behalten<br>•<br>• | Regelmäßige Informationen<br>•<br>• |
| | **klein** ⇦ **Interesse** ⇨ | **groß** |

### 3.4.5 Arbeitsblatt 2: Kreislaufwirtschaft als unternehmerisches Engagement

[Arbeitsblatt]

Berücksichtigen Sie die Perspektiven der internen und externen Anspruchsgruppen, um zu verstehen, was sie beschäftigt.

| |
|---|
| Ihr Name: |

| |
|---|
| Was beschäftigt mich am meisten? |

| Wie kann ich das Problem lösen? |
|---|
| |

## 3.5 Kreislauf-Geschäftsmodell

Entwickeln oder definieren Sie Ihr Geschäftsmodell aus der Design-Circular-Perspektive. Beschreiben Sie Ihr Geschäftsmodell und erfassen Sie den Nutzen bzw. den Wert, den Sie für Ihre Kunden generieren. Nennen Sie wichtige Partner, Ressourcen und Vertriebsmodelle. Erweitern Sie Ihre Perspektive auf das gesamte System und richten Sie Ihr Unternehmen auf den Erfolg in einer vernetzten Welt aus.

### 3.5.1 Canvas erarbeiten

Setzen Sie sich mit Ihrem Team zusammen und beginnen Sie, die einzelnen Felder der Geschäftsmodell-Vorlage auszufüllen. Fokussieren Sie sich auf die kreislauffähigen Ideen in Ihrem Unternehmen. Idealerweise nutzen Sie dazu Post-its®. Beispiel-Anwendung des Business-Modell-Canvas:

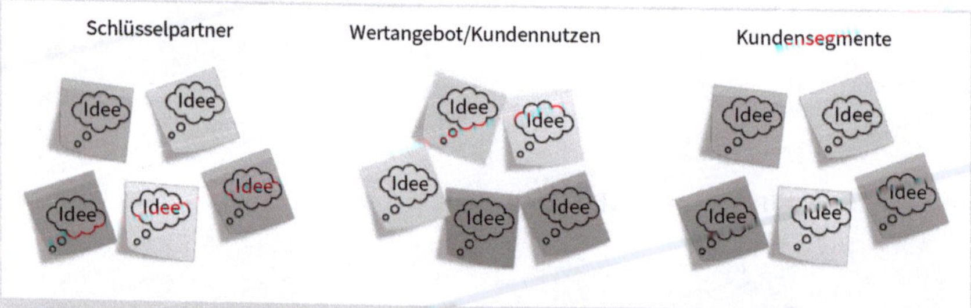


**Abbildung 25:** Canvas Ideen-Wand

### 3.5.2 Denken in Kreisläufen

Beim Design Circular sind keine starren Start- und Endpunkte vorhanden. Das Denken in Kreisläufen ist ein sich wiederholender Prozess und geprägt von kontinuierlichem Lernen durch das Erstellen von Prototypen, den Erfahrungen und den entsprechenden Feedbackschleifen.

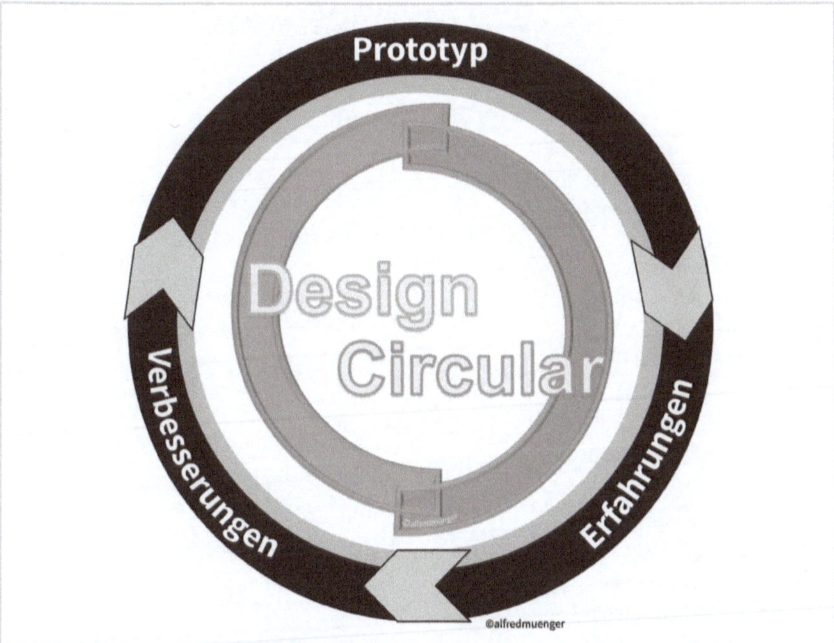


**Abbildung 26:** In Kreisläufen denken

### 3.5.3 Arbeitsblatt: Kreislauf-Geschäftsmodell

[Arbeitsblatt]

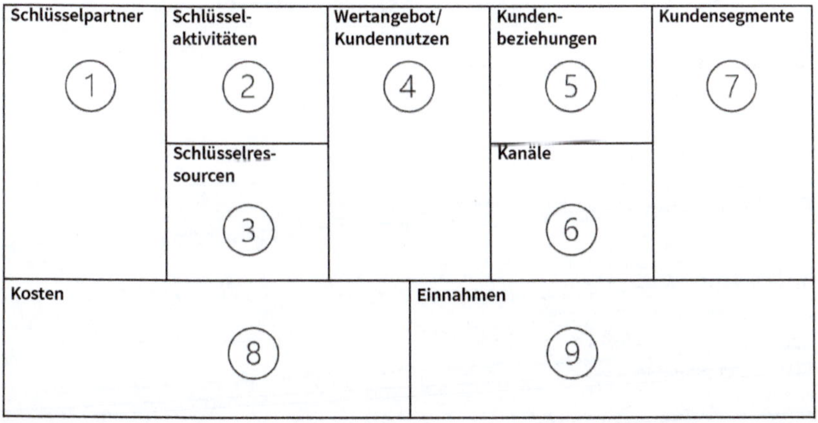


**Abbildung 27:** Canvas Kreislauf-Geschäftsmodell

**Mögliche Fragen zum Kreislauf-Geschäftsmodell**

**1. Schlüsselpartner**

Wie könnten Sie Ihre Partnerschaften mit Organisationen über die gesamte Wertschöpfungskette hinweg stärken, um so vom Kreislauf (Material-, Informations- und Kapitalfluss) im System zu profitieren?

Welche neuen oder unerwarteten Partnerschaften können Sie eingehen, um die Kreislaufwirtschaft innerhalb Ihrer Organisation und des Systems zu fördern?

**2. Schlüsselaktivitäten**

Welche Aktivitäten könnten Ihnen am besten helfen, Ihr Nutzen- bzw. Wertversprechen einzulösen?

Was könnten die positiven externen Effekte (d. h. die Folgen Ihres Handelns für andere) Ihrer Aktivitäten sein?

**Mögliche Fragen zum Kreislauf-Geschäftsmodell**

Und wie könnten Sie die negativen äußeren Einflüsse überwachen und gestalten?

Wie könnten Sie neue Formen von Human-, Natur- oder Finanzkapital schaffen?

**3. Schlüsselressourcen**

Wie könnten Sie ein multidisziplinäres Team innerhalb oder zwischen Organisationen aufbauen, um in einer Kreislaufwirtschaft Werte zu schaffen?

Wie könnten Sie sich vernetzen?

Welche Fähigkeiten benötigen Sie, um kreislauffähige Abläufe und Feedbackmechanismen zu ermöglichen und Ihre Organisation kurz- und langfristig erfolgreich zu führen?

**Mögliche Fragen zum Kreislauf-Geschäftsmodell**

Woher werden Ihre Ressourcen kommen (erneuerbare oder endliche Quelle) und was wird mit ihnen nach ihrer Nutzung geschehen?

**4. Wertangebot/Kundennutzen**

Welche Bedürfnisse wollen Sie erfüllen?

Handelt es sich um ein Produkt oder ist eine Dienstleistung erforderlich, um diese Bedürfnisse zu erfüllen?

Ist mit Ihrem Produkt/Ihrer Dienstleistung etwas verbunden, was einen potenziellen Wert für andere hat?

Wie werden Sie eine überzeugende Geschichte über Ihr Wertversprechen verfassen?

**Mögliche Fragen zum Kreislauf-Geschäftsmodell**

**5. Kundenbeziehungen**

Welche Feedbackschleifen werden Sie in Zusammenarbeit mit Ihren Kunden nutzen, um flinker und anpassungsfähiger auf deren Feedback zu reagieren?

Wie könnten Sie Ihre Kunden mit der (Weiter-)Entwicklung Ihres Produktes/Ihrer Dienstleistung oder Ihres Materials in Verbindung bringen?

**6. Kanäle**

Wie könnten Sie Ihre Beziehung zu Ihrer Lieferkette neu gestalten?

Wie könnten Sie Feedbackschleifen direkt in Ihr Produkt/Ihre Dienstleistung einbauen, um neue Möglichkeiten zu erkennen?

**Mögliche Fragen zum Kreislauf-Geschäftsmodell**

Welche Rolle könnten Sie in der Rückwärtslogistikkette spielen?

**7. Kundensegmente**

Wer werden die wichtigsten Kunden oder Nutzer Ihres Produktes/Ihrer Dienstleistung sein?

Wer könnte sonst noch von Ihrem Material/Produkt/Dienstleistung profitieren oder wird davon betroffen sein?
Berücksichtigen Sie auch Nutznießer außerhalb Ihrer unmittelbaren Wertschöpfungskette und Industrie.

**8. Kosten**

Welche Kosten könnten durch andere Nutzer und Partner geteilt oder gesenkt werden?

**Mögliche Fragen zum Kreislauf-Geschäftsmodell**

Könnte man von einem Eigentumsmodell für nicht ausreichend genutzte Anlagen hin zu einer Bezahlung für Zugang und Nutzung entwickeln?

Wie könnten Sie
a) die Kostenvolatilität und
b) die Abhängigkeit von der Nutzung endlicher Ressourcen reduzieren?

Was können Sie tun, um Risiken zu mindern?

**9. Einnahmen**

Wie könnten Sie die Möglichkeiten zur Steigerung von Widerstandsfähigkeit, Wachstum und Innovation diversifizieren?

Wie könnte sich Marktwachstum (durch Wertschöpfung an anderer Stelle im System) positiv auf Ihren eigenen Erfolg auswirken?

| Mögliche Fragen zum Kreislauf-Geschäftsmodell | |
|---|---|
| Wie könnte Ihr Geschäftsmodell dazu beitragen, andere Arten von Werten zu schaffen? Human-, Sozial- oder Naturkapital? | |
| Wie könnten neue Dienstleistungen die Einnahmen aus bestehenden Produkten, Vermögenswerten oder Ihren Liefersystemen erhöhen? | |

## 3.6 Markenversprechen

Kunden treffen häufig Entscheide auf Basis emotionaler Bindungen zu einem bestimmten Fabrikat (bspw. zu Apple). Die Stärkung Ihrer Marke durch eine kreislauffähige Innovationsstrategie ist eine Möglichkeit, die Kundenbindung zu vertiefen. Der Schlüssel liegt darin, die richtige Botschaft zu finden: Welche Vorteile und die emotionale Reaktion darauf fördern die Bindung des Kunden an das Produkt/Unternehmen?

### [Arbeitsblatt] 3.6.1 Überprüfen des Markenversprechens

Verwenden Sie das Arbeitsblatt 3.6.3 für die Erstellung oder Überprüfung Ihres Markenversprechens. Antworten Sie auf folgende Fragen:

| Fragen | Antworten |
|---|---|
| Wie binde ich die Kunden emotional an meine Produkte/Dienstleistungen? | |

| Fragen | Antworten |
|---|---|
| Warum und worin unterscheidet sich Ihr Markenversprechen von demjenigen Ihrer Konkurrenz? | |
| Welche emotionalen Qualitäten bergen Ihre Produkte/Dienstleistungen, wenn die Kunden sie kaufen oder benutzen? (Mögliche Themen sind: sich sicher fühlen, mehr Energie haben, inspiriert sein usw.) | |

Erstellen Sie eine Liste dessen, was Ihre Kunden schätzen – bspw. Bequemlichkeit, Status, der Erste sein. Stellen Sie Ihr Kreislauf-Konzept vor. Eruieren Sie auf der Grundlage Ihres Markenversprechens und der Anforderungen Ihrer Kunden, wie sich diese den Vorschlägen gegenüber verhalten.

### 3.6.2 Botschaften die Ihre Kunden ansprechen

[Arbeitsblatt]

Verfassen Sie Botschaften, die Ihre Kunden ansprechen, damit diese sich an Ihrem Konzept beteiligen. Überlegen Sie sich, was diese kreislauffähigen Möglichkeiten oder Innovationen dem Markenversprechen zusätzlich bringen.

| Fragen | Antworten |
|---|---|
| Was ist den Kunden in Bezug auf das angebotene Produkt am wichtigsten? | |

| Fragen | Antworten |
|---|---|
| Wie können Sie Ihre kreislauffähige Idee so gestalten, dass die Kunden sich an Ihren Werten orientieren? | |
| Wie können Sie das Markenversprechen auffrischen oder verstärken? | |
| Wie wirkt sich Ihr Markenversprechen auf andere Partner oder Nutzer in der Wertschöpfungskette aus? | |

[Arbeitsblatt]

### 3.6.3 Arbeitsblatt: Markenversprechen

Dieser Prozess hilft Ihnen herauszufinden, wie Ihre kreislauffähigen Produkte/Dienstleistungen Ihren Markenwert stärken.

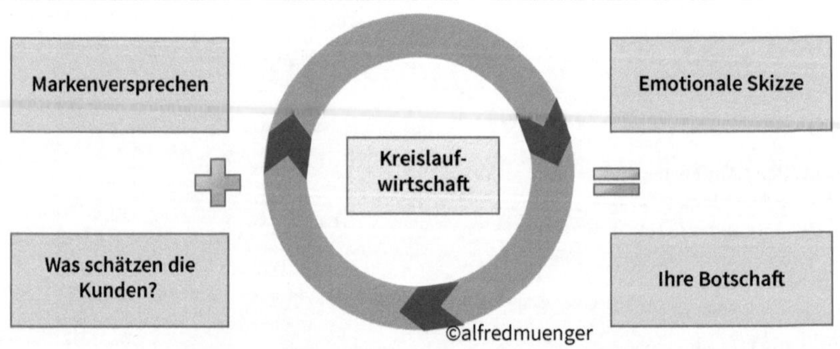


**Abbildung 28:** Markenversprechen

Komplettieren Sie die folgenden Sätze:

**Die/Der/Das Einzige:**
(Wer »es« tut)/***Bsp.:*** Der ultimative Hersteller von E-Bikes …

**Die/Der/Das:**
(In welcher Kategorie, Branche)/***Bsp.:*** … der schnelle, elegante und ergonomisch angepasste E-Bikes herstellt …

**Für wen:**
(Auftraggeber)/***Bsp.:*** … für ökologisch denkende, urbane Personen …

**In:**
(Geographischer Markt)/***Bsp.:*** … hauptsächlich wohnhaft in großen urbanen Räumen

**In der Ära von:**
(Wann und zugrunde liegender Trend)/***Bsp.:*** … erhöhtes Umweltbewusstsein und zunehmender Eingriff des Staates in die Verkehrspolitik

**Kundenerwartungen:**
z. B. Freiheit, sozialer Status, Bequemlichkeit, Geld sparen, hip sein

**Emotionale Bindung:** Wie fühlen sich die Menschen, wenn sie Ihr Produkt bzw. Ihre Dienstleistung nutzen?
z. B. uneigennützig, bevollmächtigt, intelligent, technisch, inspiriert

**Kreislauffähigkeit Ihres Produktes/Ihrer Dienstleistung:**
z. B. Verpackungen biologisch abbaubar machen

**Ihre Botschaft:** Wie positionieren Sie Ihr Produkt, Ihre Dienstleistung?
z. B. »Sie werden damit Ihrer Zeit voraus sein.«

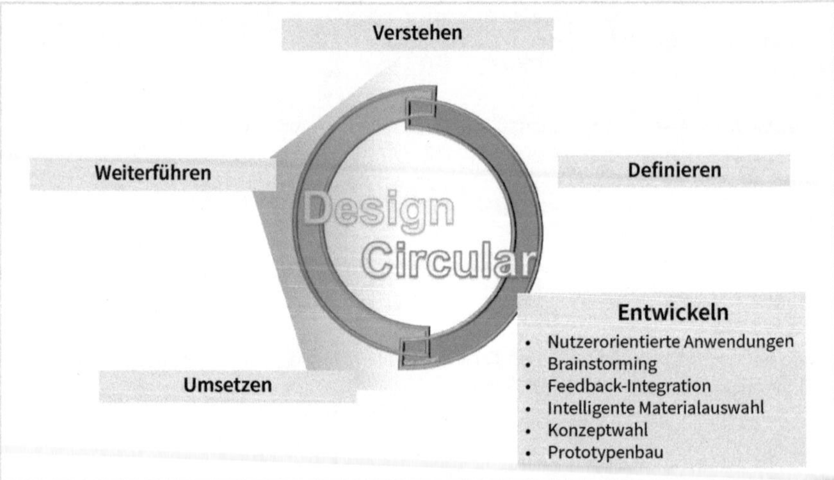

# 4 ENTWICKELN nutzenorientierter, kreislauffähiger Lösungen

## 4.1 Nutzerorientierte Recherche

In der Kreislaufwirtschaft entwerfen Sie mit Design Circular Ihre Produkte/Leistungen nicht nur für einen Kunden, sondern für eine breitere Spanne an Benutzern, die sich in Ihrer erweiterten Wertschöpfungskette befinden. Der Fokus auf die Benutzer hilft Ihnen, Verständnis für die Menschen zu gewinnen, für die Sie Ihre Produkte entwickeln. Zudem erkennen Sie besser, was für diese während jedes Zyklus des Produktlebens oder der Dienstleistung wichtig ist.

### 4.1.1 Partner innerhalb der Wertschöpfungskette

Definieren Sie die Partner, die Ihre Wertschöpfungskette bilden, und zwar in beide Richtungen (also zwischen Lieferant und Kunde). Identifizieren Sie, welche Partner am meisten von Ihrem Produkt oder Ihrer Dienstleistung profitieren.

### 4.1.2 Nutzen der Lösung

Stellen Sie einen Fragenkatalog zusammen, um ein besseres Verständnis für die Bedürfnisse der Nutzer zu entwickeln. Finden Sie heraus, was sie beim Gebrauch des Produkts/der Dienstleistung erleben und was ihnen das Leben (zusätzlich) erleichtern kann. Die Fragen sollen in die Tiefe gehen, weshalb es sehr wichtig ist, dass Sie sich ausgezeichnet auf das Gespräch vorbereiten.

### 4.1.3 Gespräch mit Partnern

Vereinbaren Sie ein Gespräch mit den Partnern. Diese Diskussionen sind der Schlüssel zum Verständnis der Bedürfnisse Ihrer aktuellen oder potenziellen Nutzer. Im Folgenden finden Sie einen hilfreichen Leitfaden.

Idealerweise treffen Sie diese in ihrer gewohnten Umgebung; dadurch erhalten Sie besseres Verständnis für deren Umfeld.

Treffen Sie den ...

- ... Nutzer an seinem Arbeitsplatz oder in seiner privaten Umgebung.
- ... den Hersteller in seinem Unternehmen.

Wenn jemand Ihr Material (wieder-)verwenden oder rezyklieren könnte, treffen Sie sich mit dem Interessenten in seinem Unternehmen, um zu erfahren, wie das Material künftig verwendet wird.

### 4.1.4 Was ist Ihr Ziel?

Stellen Sie sich am Anfang des Gespräches vor und teilen Sie dem Gegenüber Ihre Absichten und die Ziele des Gesprächs mit:

**»Erzählen Sie mir mehr über sich und Ihre Unternehmung.«**

Schaffen Sie eine Atmosphäre des Vertrauens und geben Sie den Gesprächspartnern den nötigen Raum, sich als Fachpersonen zu präsentieren. Sie wollen im Gespräch zum einen herausfinden, wie diese Ihr Produkt oder Ihre Dienstleistung in Zukunft nutzen könnten, und zum anderen, wie die Personen ihr Leben gestalten oder ihr Geschäft betreiben. Identifizieren Sie a) die Bedürfnisse und erkennen Sie b), in welchen potenziellen Formen Sie Ihr Angebot in Zukunft anbieten können.

### 4.1.5 Leben Sie das Gespräch

Lassen Sie sich von der Person, mit der Sie sprechen, zu dem führen, was für diese wichtig ist. Verwenden Sie Ihre vorab festgelegten Fragen als Themen-Checkliste, um sicherzustellen, dass Sie alle Punkte erörtert haben.

### 4.1.6 Umfeld der Nutzerin, des Nutzers

Sie sollten nach Möglichkeit Ihre Kunden in der Umgebung treffen, wo sie Ihr Produkt oder Ihre Dienstleistung verwenden würden. Mit Lieferanten und potenziellen zukünftigen Anwendern Ihrer Materialien treffen Sie sich in deren geschäftlichem Umfeld.

### 4.1.7 Im Team erfahren Sie mehr

Im Idealfall nehmen zwei bis drei Personen an den Gesprächen teil. Es ist schwierig, ein gutes Gesprächsniveau aufrechtzuerhalten und gleichzeitig Notizen sowie tolle

Fotos zu schießen. Bevor Sie sich auf den Weg machen, entscheiden Sie, wer welche Rolle spielen wird. Eine Person wird das Gespräch führen, die anderen aus dem Team hören zu und notieren ihre Beobachtungen.

### 4.1.8 Fotos

Fragen Sie vor dem Fotografieren um Erlaubnis und erläutern Sie, welchem Zweck die Bilder dienen. Im Normalfall werden die Fotos nur innerhalb des Projektteams geteilt.

Anmerkung: Die Person, die Notizen macht, sollte aus der Perspektive der Nutzerin bzw. des Nutzers schreiben. Interpretieren Sie nicht, sondern registrieren Sie das gesprochene Wort möglichst detailgetreu, intersubjektiv überprüfbar, neutral und distanziert.

### 4.1.9 Können Sie mir das zeigen?

Menschen handeln öfter anders als sie es bspw. in einem Interview erzählen. Lassen Sie die Personen zeigen, wie sie etwas anwenden. Damit Sie weitere potenzielle Anhaltspunkte zur Ideengenerierung und Nutzung Ihrer Produkte und Dienstleistungen erhalten, bitten Sie die Gesprächspartner, Ihnen die Anwendungen, Nutzungsorte usw. zu zeigen. Dadurch erhalten Sie einen Einblick darin, wie die potenziellen Nutzerinnen und Nutzer etwas tun.

Folgende Fragen sind zielführend:
- Dürfen wir Sie durch Ihren Alltag begleiten?
- Wie war das Verhalten, als Sie das zum letzten Mal getan haben?
- Erzählen Sie uns vom letzten Mal …

Versuchen Sie, die Aussagen Ihres Gegenübers möglichst präzise zu protokollieren.

### 4.1.10 Gehen Sie dem Thema auf den Grund

Jetzt können Sie das Problem, das Sie zu lösen versuchen, und Details genauer erfragen. Stellen Sie offene Fragen zum Themenbereich, den Sie weiterverfolgen wollen. Klären Sie, warum etwas getan wird und warum dies wichtig ist.

Die Frage »Warum ist das wichtig, was Sie tun?«, sollten Sie so oft stellen, bis Sie wirklich verstanden haben, was die reellen Bedürfnisse des Gesprächsteilnehmers oder des Unternehmens sind.

### 4.1.11 Danken Sie für das Gespräch

Beenden Sie Ihr Gespräch, in dem Sie beim Gegenüber nachfragen, ob weitere Ideen und Anregungen vorliegen, die Sie bei der Ideenfindung nutzen können. Bedanken Sie sich für das interessante Gespräch und die zur Verfügung gestellte Zeit.

### 4.1.12 Informationsverwertung

Die während der Gespräche erhaltenen Informationen sollten Sie als Anregungen für die Diskussion mit Ihrem Team ansehen. Schießen Sie Fotos von Dingen, die Sie interessant oder inspirierend finden.

[Arbeitsblatt]

### 4.1.13 Erkenntnisse

Nehmen Sie sich Zeit nach Beendigung der Interviews, um die Erkenntnisse und Hinweise mit Ihrem Team zu besprechen. Wichtig sind Hinweise, die Sie in Ihren Produkten/Dienstleistungen verwenden könnten. Beantworten Sie folgende Fragen:

| Fragen | Antworten |
|---|---|
| Was hat Sie in den Gesprächen überrascht? | |
| Wie können Sie das, was Sie gesehen und gehört haben, in der Weiterentwicklung Ihrer Produkte verwenden? | |
| Welche Ideen und Erkenntnisse waren inspirierend und wie können Sie sie umsetzen? | |

### 4.1.14 Erfasste Benutzerbedürfnisse

Sie haben nun die wichtigsten Benutzerbedürfnisse erfasst. Reflektieren Sie nun, wie die Kreislauffähigkeit, bei den ausgewählten Produkten oder Dienstleistungen Nutzen bringend eingesetzt werden kann. Kombinieren Sie diese Ideen mit den Benutzerbedürfnissen und starten Sie ein Brainstorming zur Umsetzung dieser Ideen.

## 4.2 Grundsätze der nutzerzentrierten Recherche

### 4.2.1 Einfühlungsvermögen

Im Kontext Ihrer Designherausforderung ist Einfühlungsvermögen zentral: Wer ist Ihr Zielpublikum und was sind seine Bedürfnisse? Denken Sie darüber nach ...

- ... warum die Nutzerinnen und Nutzer Dinge auf eine bestimmte Art und Weise tun und
- ... warum dies für sie bedeutsam ist.

### 4.2.2 Beobachten kostet nichts

Zu beobachten, was Menschen tun und wie sie mit Ihrer Umwelt interagieren, gibt Ihnen Hinweise darauf, was sie denken und fühlen. Indem Sie Menschen beobachten, können Sie deren physische Manifestationen festhalten, nämlich was sie tun und was sie sagen. Sie werden feststellen, dass sich dies oftmals unterscheidet. Erkennen Sie diesen Konflikt zwischen dem, was jemand sagt, und dem, was er tatsächlich tut, gewinnen Sie wirkungsvolle Erkenntnisse, die Ihnen aufzeigen, was die Nutzerinnen und Nutzer brauchen.

### 4.2.3 Ausführliches Gespräch

Gedanken und Werte bestimmen das Leben, aber sie sind für diejenigen, die sie repräsentieren, nicht immer offensichtlich. Ein gutes Gespräch ist der Schlüssel. Wenn Sie jemanden interviewen, versuchen Sie, diese Person dazu zu bringen, darüber nachzudenken, warum sie in einer bestimmten Weise fühlt und handelt. Selbst wenn Sie sich nur mit einigen wenigen Menschen für ein paar Stunden beschäftigen können, gewinnen Sie viele Einsichten, die Sie in konkreten Projekten bzw. Produkte und Dienstleistungen umsetzen können.

### 4.2.4 Anregende Konzepte

Skizzieren Sie ein paar wilde Ideen. Selbst wenn diese Vorschläge noch nicht vollständig ausformuliert sind, nutzen sie der Diskussionseröffnung. Damit geben Sie den Menschen etwas, worauf sie reagieren können, etwa:

- das Aufdecken von Bedenken,
- mögliche Verletzung der Privatsphäre,
- Unannehmlichkeiten,
- den Preis Ihres Produktes, Ihrer Dienstleistung.

Leiten Sie aus diesen Reaktionen das für Sie Wichtige ab. Versuchen Sie, Bilder zu benutzen, um vertiefende Fragen zu stellen.

### 4.2.5 Aus Extremen lernen

Bei der Auswahl Ihrer Interviewpartnerinnen und -partner suchen Sie nach Ausreißern in Ihrer Zielgruppe, d. h., Personen an beiden Enden des für Sie infrage kommenden Spektrums, Personen mit vielleicht extremen Ansichten/Verhaltensweisen. Von ihnen erhalten Sie umfassendere Informationen über Verhaltensweisen, die es möglicherweise in der Zukunft geben wird.

**Abbildung 29:** Aus Extremen lernen

### 4.2.6 Zusammenfassung

Fassen Sie die Gespräche so zusammen, dass die daraus gewonnenen Erkenntnisse und Möglichkeiten ersichtlich werden. Tauschen Sie mit Ihrem Team die Informationen und Beobachtungen aus und visualisieren Sie möglichst alles:

**Abbildung 30:** Visualisierung der Ideen

Sammeln Sie die Informationen, die gleich oder ähnlich sind. Kategorisieren Sie Inhalte, die Sie von den Personen gehört haben, in unterschiedlichen Themenschwerpunkten.

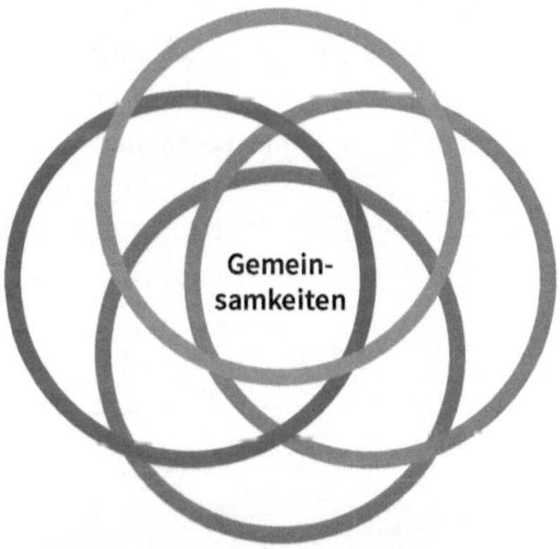


**Abbildung 31:** Gemeinsamkeiten

Diese Erkenntnisse helfen Ihnen, eine solide Grundlage für die Entwicklung innovativer Lösungen, die den Bedürfnissen und Verhaltensweisen der Menschen entsprechen. Schauen Sie, ob Sie all diese Erkenntnisse in klare, überzeugende Design-Herausforderungen umsetzen können, woran Ihr Team arbeiten kann.

## 4.3 Brainstorming

Bei der Erarbeitung von Lösungskonzepten ist eine breite Basis an Ideen zu schaffen. Zu Beginn ist es unabdingbar, offenzubleiben und nicht zu urteilen. Erst wenn alle Ideen gesammelt sind, wird mit der (kritischen) Selektion begonnen. Beschränken Sie sich auf das Notwendige und das Relevante, das aus Ihrer Sicht am meisten zur Lösungsfindung beiträgt.

### 4.3.1 Brainstorming Team

Stellen Sie ein kreatives Team zusammen (siehe unter Kapitel 3.3). Brainstormings sind am effektivsten, wenn Sie eine Gruppe von Leuten haben, die in der Lage sind, auf den Ideen der anderen aufzubauen.

[Arbeitsblatt]

### 4.3.2 Brainstorming durchführen

Die Inspirationen, die Sie aus den Gesprächen mit den Bedürfnisträgern gewonnen haben, sollten Sie in das Brainstorming einbringen. Überlegen Sie sich, welche Fragen beantwortet werden können. Folgende Fragen erleichtern den Einstieg:

| Fragen | Ihre Bemerkungen/Antworten |
|---|---|
| Wie können Sie Ihr Produkt oder Ihre Dienstleistung modularer und anpassungsfähiger machen? | |
| Wie können Ihre Produkte von biologischen Systemen inspiriert werden? | |
| Wie können Sie Ihr Produktangebot in eine Dienstleistung umwandeln? | |

| Fragen | Ihre Bemerkungen/Antworten |
|---|---|
| Wie können Sie Ihre Produkte im Laufe der Zeit überarbeiten/überholen? | |
| Welche Einsicht des Brainstormings kann sonst noch die Kreislauffähigkeit Ihres Angebotes verstärken? | |

Skizzieren Sie die Ideen, die Ihnen beim Brainstorming einfallen, auf dem Arbeitsblatt 4.3.4. Beachten Sie folgende Regeln:

- Setzen Sie auf Quantität.
- Lassen Sie wilde Ideen zu.
- Bauen Sie auf den Ideen anderer auf.
- Visualisieren Sie möglichst viel.
- Scheuen Sie vor nichts zurück.
- Just do it.

Beachten Sie während des Workshops folgende Punkte:

- Kommentieren Sie nichts kritisch.
- Urteilen Sie nicht.
- Hinterfragen Sie zu diesem Zeitpunkt die Ideen nicht.
- Nutzen Sie für die Ideen Post-its oder Kreativitätstechniken wie Lego®Serious-Play®.

### 4.3.3 Schwerpunkte finden

Idealerweise hat jeder Teilnehmer eine Vielzahl von Ideen generiert. Sammeln Sie die Ideen und bringen Sie alle auf einer Tafel oder einer Wand an. Danach geben Sie den Teammitgliedern eine definierte Anzahl kleiner Aufkleber, die jede bzw. jeder Teilnehmende auf die Idee klebt, die sie/ihn am meisten begeistert.

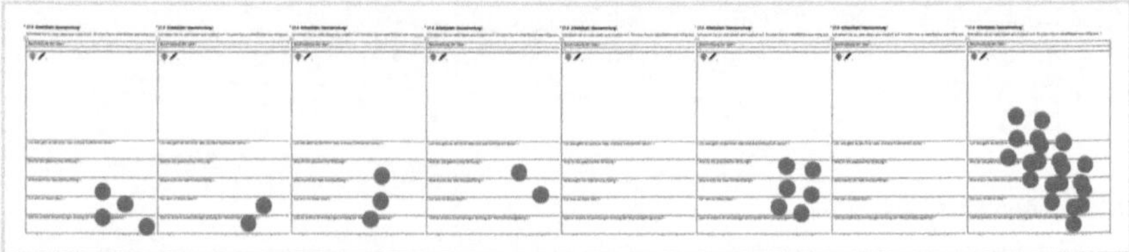

**Abbildung 32:** Schwerpunkte finden

| **Finden Sie heraus, wo die Schwerpunkte liegen.** |
|---|

[Arbeitsblatt]

### 4.3.4 Arbeitsblatt: Ideensammlung

Schreiben Sie so viele Ideen wie möglich auf. Drucken Sie so viele Blätter wie nötig aus.

| Beschreiben der Idee |
|---|
| |

| Worum geht es bei Ihrer Idee und wie funktioniert sie? |
|---|
| |

| Wie ist die gewünschte Wirkung Ihrer Idee? |
|---|
| |

| Was macht die Idee kreislauffähig? |
|---|
| |

Für wen ist diese Idee?

Gibt es andere Anwendungen entlang der Wertschöpfungskette?

## 4.4 Feedbackintegration

Entwerfen Sie ein Konzept dafür, welche Informationen über Ihr Produkt oder Ihre Dienstleistung im jeweiligen Lebenszyklus wichtig sind und wie Sie diese Daten sammeln wollen.

Die Mechanismen, die Sie zur Erfassung von Rückmeldungen einsetzen wollen, müssen Sie vor der Markteinführung bestimmen.

**Abbildung 33:** Feedback

Dies ermöglicht Ihnen, auch nach Abgabe der unmittelbaren Kontrolle über Ihr Produkt oder Ihrer Dienstleistung, Erkenntnisse über den Gebrauch zu gewinnen. Mit den Rückmeldungen können Sie durch kontinuierliches und situatives Lernen das Angebot stetig verbessern. Die Daten sind sowohl für den Nutzer innerhalb Ihrer Wertschöpfungskette als auch für Ihre Geschäftsstrategie wertvoll.

### 4.4.1 Erwartungen an den Prototypen

Listen Sie mithilfe des Arbeitsblattes 4.4.4 alle Erwartungen auf, die Sie an den Prototypen Ihres Produktes haben. Tun Sie dies jedoch unter dem Vorbehalt, dass Sie die getroffenen Annahmen noch testen und verbessern müssen. Überlegen Sie sich, was Sie zur Validierung dieser Erkenntnisse benötigen.

- Welche Art von Rückmeldung benötigen Sie, um mögliche Abweichungen aufzudecken?

### 4.4.2 Daten-Feedbacks

Finden Sie heraus, wie Sie Ihren Prototypen so ausstatten können, dass Sie die notwendigen Daten und Informationen sammeln können. Nachfolgend finden Sie einige Möglichkeiten zur Datenerfassung:

- Persönliche Beobachtungen
  - Sie ermitteln die Erfahrungen der Benutzerinnen und Benutzer mithilfe von Interviews oder Umfragen.
- Online-Beobachtungen
  - Beobachten Sie, was die Nutzer in den sozialen Medien oder anderen Foren sagen.
  - Sie nutzen Technologien wie Cookies und andere Daten, die als Nebenprodukt der Online-Aktionen von Personen erzeugt werden.
- Technische Möglichkeiten
  - Wenn Ihr Produkt eine digitale Komponente hat, können Sie u. U. das Nutzerverhalten über Datenanalyse verfolgen (Achtung Datenschutz).
  - Sie statten Ihr Produkt mit Sensoren aus, die Ihnen Rückmeldung über die Nutzung Ihres Produktes geben.

Überlegen Sie, wie sich die Informationen, die Sie erfassen, im Laufe der Zeit zu einem homogenen Gesamtbild zusammenfügen lassen. Beachten Sie, dass Sie im Zuge der Skalierung u. U. den Grad der Automatisierung Ihres Ansatzes erhöhen können.

### 4.4.3 Maximierung der Rückmeldungen

Verwenden Sie diesen Prozess parallel zu den Aktivitäten, die in Zusammenhang mit den Prototypen stehen. Stellen Sie sicher, dass Ihre Prototypen funktionieren und Sie in der Lage sind, die benötigten Daten zu erfassen, und so Ihre Erkenntnisse maximieren können.

Erarbeiten Sie Ihre Hypothese (was Sie lernen möchten) für den Prototypen und die Resultate, die Sie zur Validierung dieses Prototyps benötigen. Verwenden Sie dazu das Arbeitsblatt 4.4.4 auf der folgenden Seite.

Notieren Sie auf, wie Sie die Daten erfassen wollen.

- Versuchen Sie, ein möglichst reales Testszenario zu erstellen.
- Evaluieren Sie, um zu lernen und zu verbessern, nicht nur um zu validieren. Das Ziel ist, das Design zu finalisieren und nicht (nur), Ihre Annahmen zu bestätigen.
- Überlegen Sie, welche Werkzeuge erforderlich sind, um die von Ihnen benötigten Daten zu erzeugen.
- Konzentrieren Sie sich auf die kritischen Punkte. Nehmen Sie nicht zu viele Lernziele in einem einzigen Experiment auf.
- Die Möglichkeit besteht, dass Sie im Laufe der Tests auf unerwartete Resultate stoßen, die Sie vom eingeschlagenen Kurs abbringen können. Das ist in Ordnung. Finden Sie die richtige Balance zwischen Absicht und Anpassungsfähigkeit.
- Dokumentieren Sie Ihre Experimente.

### 4.4.4 Arbeitsblatt: Feedbackintegration

[Arbeitsblatt]

**Was wollen Sie lernen?**
**Beispiel:** Ihre Kunden sollen Ihre Produkte und Dienstleistungen einfacher nutzen können, weil sie modular aufgebaut sind.

**Welche Erkenntnisse wollen Sie gewinnen und wie wollen Sie diese nutzen?**
**Beispiel:** Ihre Kunden benötigen mit Ihrem Produkt, Ihrer Dienstleistung weniger Zeit, eine bestimmte Aufgabe zu erledigen.

**Wie wollen Sie die Daten sammeln und aufbewahren?**
**Beispiel:** Sie sammeln die notwendigen Daten mit (persönlichen Benutzer-)Tests und Umfragen.

**Wie wollen Sie die Erkenntnisse nutzen?**
**Beispiel:** Sie planen, sie zu nutzen, um neue Arten des Kundenkontakts zu entwickeln.
Sie planen, die erhobenen Daten anderen Kunden (gegen Entgelt) zur Verfügung zu stellen.

## 4.5 Intelligente Materialauswahl

Die folgenden Schritte helfen Ihnen, das Material für Ihre Produkte besser auszuwählen und die Auswirkungen auf das Kreislaufsystem zu bestimmen. Materialien spielen eine wesentliche Rolle in der Kreislaufwirtschaft, deshalb müssen sie aus »sicheren« resp. ungefährlichen Inhaltsstoffen hergestellt werden, die sich kontinuierlich weiterverarbeiten und/oder weitergeben lassen.

**Abbildung 34:** Beschreibung des verwendeten Rohstoffes: Kunststoff[90]

Durch die Gestaltung von Produkten mit Materialien, die aus ihren jeweiligen Nährstoffkreisläufen stammen und sicher zurückfließen können, wirken Sie an einer kreislaufoptimierten Materialwirtschaft mit. Dadurch können Sie die Verschwendung stark reduzieren, idealerweise sogar eliminieren.

### 4.5.1 Materialwahl

Überlegen Sie sich, aus welchen Teilen Ihr Produkt besteht. Nehmen Sie das Beispiel eines Kleidungsstückes und »zerlegen« Sie es. Sie finden u. a. Anhängeetiketten, Reißverschlüsse, Stoffe, Kunststoffe, Knöpfe. Sehen Sie sich die einzelnen Teile an. Erstellen Sie mit dem Arbeitsblatt 4.5.5 »Intelligente Materialauswahl« eine Liste

90 https://www.krv.de/wissen/planung-verlegung abgerufen am 08.09.2020.

der Rohstoffe und Komponenten, die für die Konstruktion oder Herstellung Ihres Produkts benötigt werden.

### 4.5.2 Entscheidungsbaum

Anhand des mittels des Arbeitsblattes ersichtlichen Entscheidungsbaums können Sie die Wertigkeit und die Kreislauffähigkeit der Materialien, die in Ihr Produkt einfließen, einschätzen und beurteilen, ob Ihre Materialauswahl optimal ist.

### 4.5.3 Alternative Materialwahl

Falls das eine oder andere Material noch nicht für die Kreislaufwirtschaft geeignet ist, klären Sie Folgendes ab:

- Bestehen bessere Alternativen?
- Ist es möglich, die Bedürfnisse der Benutzer ohne diese ungeeigneten Materialien zu erfüllen?

Anbei einige Beispiele für die Auswahl der Materialien, die Sie beachten sollen:

- Verwendung von ungefährlichen Materialien (engl.: healthy materials) (bspw. biologisch abbaubare Kunststoffe),
- Materialwiederverwendung,
- erneuerbare Energie,
- sauberes Wasser,
- soziale Fairness etc.

Sie können hierfür auf die Datenbank von »Cradle to Cradle Certified™ Materials for Designers ressource[91]« zurückgreifen.

### 4.5.4 Informationsstellen Material

Wenn Sie mehr über Materialien erfahren möchten, finden Sie hier einige Vorschläge:

- Die REACH-Verordnung[92] der EU enthält eine Liste von besonders besorgniserregenden Stoffen

91 https://www.c2ccertified.org/resources/collection-page/cradle-to-cradle-certified-resources-public abgerufen am 12.07.2020.

92 Die REACH – Verordnung (EG) 1907/2006 ist die Europäische Chemikalienverordnung zur Registrierung, Bewertung, Zulassung und Beschränkung chemischer Stoffe. https://www.umweltbundesamt.de/themen/chemikalien/reach-chemikalien-reach abgerufen am 18.08.2020.

- Die »Cradle to Cradle«-Verbotsliste enthält eine Liste bekannter gefährlicher Stoffe, die Sie von Anfang an ausschließen können.

Ebenfalls können Sie am kostenlosen »Cradle to Cradle Certified Catalyst«[93]-Programm teilnehmen und so mehr über unerwünschte Materialien erfahren.

[Arbeitsblatt]

### 4.5.5 Arbeitsblatt: Intelligente Materialwahl

Listen Sie die Materialien in Ihrem Produkt auf (bspw. Kabel mit Stecker). Überprüfen Sie, welche verwendeten Materialien getrennt werden können. Erstellen Sie eine umfassende Liste der verwendeten Materialien (Kabel = Kunststoffe, Kupfer etc.). Nehmen Sie jedes einzelne Material und gehen Sie den nachfolgenden Entscheidungsbaum durch.

Die gewonnen en Informationen können Sie später auch für die Wertanalyse nutzen.

| Ihr Produkt (idealerweise ein Bild) | Identifiziertes Material | Trennbar | |
|---|---|---|---|
| | | Ja | Nein |
| | 1. | ☐ | ☐ |
| | 2. | ☐ | ☐ |
| | 3. | ☐ | ☐ |
| | 4. | ☐ | ☐ |
| | 5. | ☐ | ☐ |
| | 6. | ☐ | ☐ |
| | 7. | ☐ | ☐ |
| | 8. | ☐ | ☐ |
| | 9. | ☐ | ☐ |
| | 10. | ☐ | ☐ |
| | 11. | ☐ | ☐ |
| | 12. | ☐ | ☐ |
| | n .... | | |

93 https://www.c2ccertified.org/ abgerufen am 16.04.2021.

Was passiert mit Ihren Materialien nach dem aktuellen Nutzungszyklus?

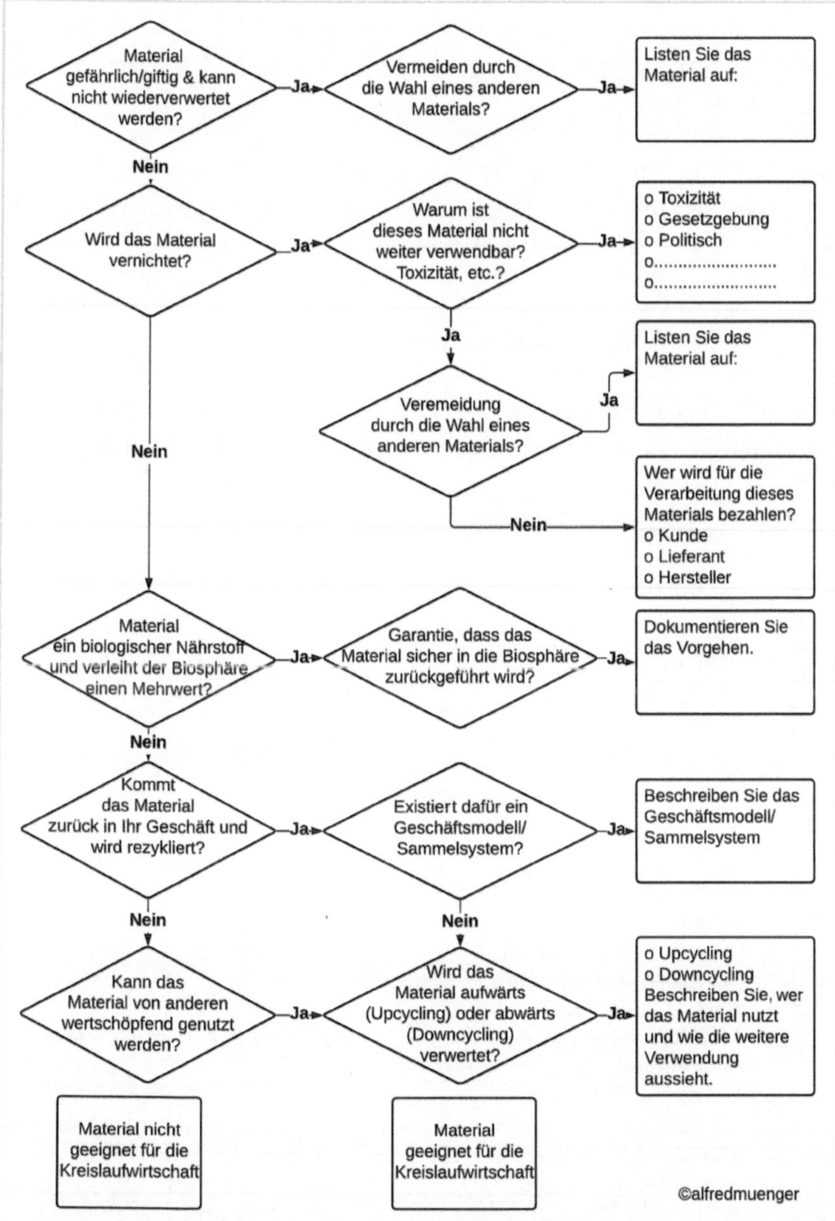


**Abbildung 35:** Intelligente Materialwahl

## 4.6 Konzeptwahl (Produkt oder Dienstleistung)

Ordnen und priorisieren Sie die von Ihnen generierten Ideen. Überlegen Sie sich, welche Ideen sich für Ihr Unternehmen und für den vorgesehenen Einsatzbereich als am vorteilhaftesten erweisen.

Beurteilen Sie die kreislauffähigen Konzepte und deren Vorzüge aus Ihrer strategischen Geschäftsperspektive und auf der Basis Ihrer unternehmerischen Möglichkeiten und Fähigkeiten. Finden Sie heraus, wie diese Ihr Unternehmen weiterbringen können.

[Arbeitsblatt]

### 4.6.1 Kreislauffähige Innovationskonzepte

Notieren Sie im Canvas-Modell (Kapitel 3.5.3) Ihre kreislauffähigen Innovationskonzepte. Fragen Sie sich bei jedem Konzept, ob es zu mindestens einer Ihrer Innovationsprioritäten passt.

| | Fragen | | | Bemerkungen |
|---|---|---|---|---|
| **Durchführbarkeit** | Entspricht das Konzept den strategischen Geschäftszielen? | Ja ☐ | Nein ☐ | |
| Attraktivität | Bietet das Konzept einen Mehrwert für den Endnutzer oder schafft es einen neuen Markt für andere Nutzer Ihres Produktes oder Ihrer Dienstleistung? | Ja ☐ | Nein ☐ | |
| Machbarkeit | Existiert eine Technologie, die Ihr Produkt oder Ihre Dienstleistung besser macht oder unterstützend wirkt? | Ja ☐ | Nein ☐ | |

Als Nächstes wird das Konzept auf seine Kreislauffähigkeit bewertet; d. h., Sie müssen die Verwertung der verwendeten Produkte und Materialien planen.

| Fragen | Ihre Bemerkungen/Antworten |
|---|---|
| Entspricht das Konzept allen oder den meisten Prinzipien der Kreislaufwirtschaft? | |
| Welche Teile des Konzepts sind noch nicht angepasst? | |
| Welche Abfälle/Verschmutzung en entstehen? | |
| Wie können Sie die Produkte und Materialien im Verwendungskreislauf halten? | |

Natürliche Systeme werden im Sinn der regenerierenden Kreislaufwirtschaft bewertet. Nutzen Sie dazu ebenfalls das Arbeitsblatt 4.5.5 des vorherigen Kapitels.

### 4.6.2 Umsetzungsschwierigkeiten

[Arbeitsblatt]

Stellen Sie die Umsetzungsschwierigkeiten Ihrer Konzepte in einer Matrix dar, und zeigen Sie auf, wie Sie sie beeinflussen können. Beantworten Sie hierzu folgende Fragen:

| Fragen | Ihre Bemerkungen/Antworten |
|---|---|
| Müssen Sie Dinge anders machen, als es Ihre derzeitigen Prozesse erlauben? | |
| Wenn ja, bietet die neue Ausgangslage die Gelegenheit, Neues zu lernen? | |
| Rechtfertigt der potenzielle Gewinn die Disruption des bisherigen Konzepts? | |
| Verfügen Sie über die Möglichkeit, einen neuen Innovationsansatz und/oder ein neues Geschäftsmodell in einer Inkubator-Umgebung zu entwickeln und zu testen? | |
| Könnten Sie fehlende/zusätzliche Fähigkeiten durch neue Partnerschaften erwerben? | |

[Arbeitsblatt]

### 4.6.3 Arbeitsblatt: Auswahl kreislauffähiges Konzept

Stellen Sie Ihre Konzepte in diesem Diagramm dar. Setzen Sie die Prioritäten, die Sie verfolgen.

| hoch ← Wirkung → tief | | |
|---|---|---|
| hoch | Einfach umsetzbar?<br>•<br>• | Rechtfertigt ein potenzieller Gewinn die Disruption?<br>•<br>• |
| ← Wirkung → | | |
| tief | Möglichkeiten zur Wirkungssteigerung finden<br>•<br>• | Eingeschränkte Realisierbarkeit/Konzept überprüfen<br>•<br>• |
| | **einfach** ← **Erreichbarkeit/Umsetzbarkeit** → | **schwer** |

## 4.7 Prototypenbau

Bevor Sie das Konzept auf den Markt bringen, müssen Sie es anhand eines Prototyps testen. Da die Geschwindigkeit (time to market) ein wichtiger Faktor ist, können Sie den Prototypen unter Umständen mit einem 3-D-Drucker schnell herstellen. Das sogenannte Prototyping, also das Testen von Ideen vor der Markteinführung, hilft, das Risiko zu senken. Zudem werden dadurch unnötige Iterationen (Wiederholungen) im Entwicklungszyklus (Produktzyklus) vermieden. Beachten Sie, dass die Weiterentwicklung der Konzepte während dieser Phase nicht gestoppt wird. Die Erstellung von Prototypen ist eine ideale Möglichkeit, Ihre Idee greifbar zu machen und Ihr Produkt oder Ihre Dienstleistung mit wenig Aufwand in einer relevanten Umgebung zu testen. Das Vorgehen hat folgende Vorteile:

- Sie testen, bevor Sie größere Summen in Material oder Arbeit investieren.
- Sie erkennen, wie die Zustimmung von Interessengruppen und anderen Partnern entlang Ihrer Wertschöpfungskette ist.

Wenn die Anspruchsgruppen das Produkt anfassen oder die Dienstleistung erleben können, ist es einfacher, diese zu verstehen und möglicherweise notwendige Rückmeldungen zu erhalten. Zeigen Sie nur so viel wie nötig (wie sogenannte Erlkönige in der Automobilindustrie) aber genügend, um das notwendige Feedback zu erhalten. Damit können Sie allfällige Anpassungen vor der Einführung machen.

**Abbildung 36:** Erlkönig von BMW[94]

## [Arbeitsblatt] 4.7.1 Zieldefinition Herstellung von Prototypen

Klären Sie die Ziele, die Sie mit der Herstellung von Prototypen erreichen wollen.

| Fragen | Ihre Bemerkungen/Antworten |
|---|---|
| Was möchten Sie anhand des Prototyps lernen? | |
| Wie einfach sind Ihr Produkt oder Ihre Dienstleistungen zu nutzen? | |
| Entsteht dabei Abfall? | |

94 Abbildung Erlkönig BMW, https://www.bmw.com/de/automotive-life/erlkoenig-auto.html abgerufen am 08.09.2020.

| Fragen | Ihre Bemerkungen/Antworten |
|---|---|
| Funktioniert es bzw. funktionieren sie für die anderen Benutzer in der Wertschöpfungskette? | |
| Was wird die Nutzung ankurbeln? | |
| Wie werden Sie mit Partnern zusammenarbeiten? | |
| Gibt es identifizierbare technologische oder infrastrukturelle Veränderungen, die Sie testen müssen? | |

Beziehen Sie sich auf die Hindernisse (Arbeitsblatt 3.1.5), die Sie bei der Definition Ihrer Herausforderungen identifiziert haben.

### 4.7.2 Erstellen eines Prototyps

Erstellen Sie also nun Ihre Prototypen. Je nach Kosten können Sie beliebig viele Prototypen erstellen:

- Modelle,
- digitale Modelle,
- Simulationen einer Dienstleistung,
- Storyboards.

Ziel ist, etwas (be-)greifbar zu machen. Die Idee, die Sie testen wollen, soll den Interessengruppen qua ihres physischen Vorhandenseins vermittelt werden. Nicht Perfektion steht im Vordergrund, sondern nur das »so gut wie nötig«, daher soll der Aufwand in dieser Phase möglichst gering sein.

[Arbeitsblatt]

### 4.7.3 Testumgebung

Überlegen Sie sich, wo Sie das Produkt oder die Dienstleistung testen wollen. Denken Sie daran, dass Sie auch die Feedbackschleife testen müssen.

Entwickeln Sie einen Testplan:

| Fragen | Ihre Bemerkungen/Antworten |
| --- | --- |
| Was werden Sie testen? | |
| Wie wollen Sie die Produkte/Dienstleistungen testen? | |
| Können Sie die Anzahl der Alternativen reduzieren? | |
| Mit wem werden Sie die Produkte/Dienstleistungen testen? | |

Prüfen Sie, ob Sie in der Lage sind, diejenigen Daten zu erfassen, die Sie für zukünftige Designschleifen benötigen. Versuchen Sie, für die Tests möglichst reale Anwendungen zu simulieren.

### 4.7.4 Vorstellung der Prototypen

[Arbeitsblatt]

Zeigen Sie den Prototyp Ihres Produktes oder Ihrer Dienstleistung allen relevanten Interessengruppen oder Nutzern entlang Ihrer Wertschöpfungskette. Ihr Ziel muss sein, von den Nutzern ein Feedback zu erhalten. Beobachten Sie, wie die Interessengruppen den Prototyp erleben und wie sie sich mit dem vorgeschlagenen Konzept beschäftigen.

| Fragen | Ihre Bemerkungen/Antworten |
|---|---|
| Was denken die Interessengruppen? | |
| Was könnte verbessert werden? | |
| Auf welche Feedbackschleife werden Sie sich bei der Produkteinführung zuerst konzentrieren? | |

| Fragen | Ihre Bemerkungen/Antworten |
|---|---|
| Hat es unbeabsichtigte Vorfälle gegeben (z. B. Materialwahl, die zu Problemen auf der ganzen Linie führt)? | |

### 4.7.5 Aus den Erfahrungen lernen

Lernen Sie auf der Basis der gewonnen en Erkenntnisse und machen Sie dies in so vielen Iterationen wie nötig. Dadurch erreichen Sie die notwendige Sicherheit, dass Ihr Produkt oder Ihre Dienstleistung funktioniert.

Dies ist ebenso gültig im gegenteiligen Fall: Sie können sich frühzeitig mit möglichen negativen Folgen auf die Kreislauffähigkeit Ihres Konzepts einstellen und diese allfällig korrigieren.

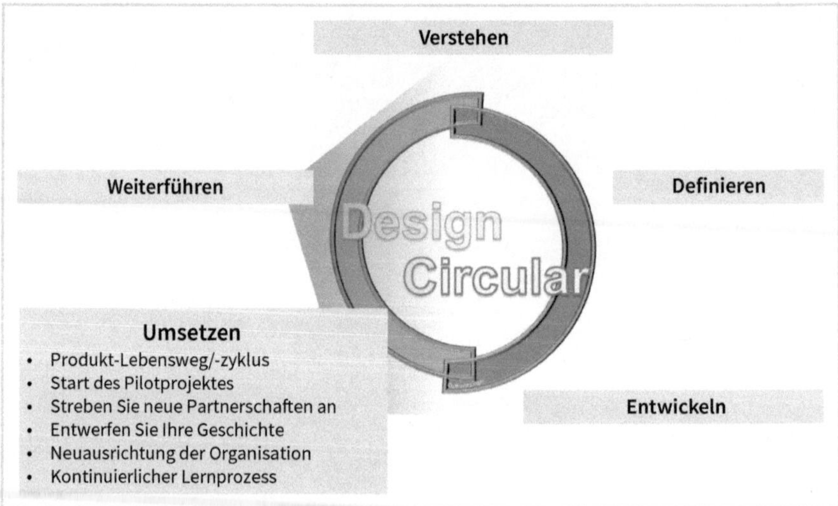

# 5 UMSETZEN nutzenorientierter, kreislauffähiger Lösungen

## 5.1 Produktlebensweg/-zyklus

[Arbeitsblatt]

Versuchen Sie die Nutzungszyklen für Ihr Produkt oder Ihre Dienstleistung zu definieren. Schließen Sie die dazugehörenden Komponenten mit ein und überlegen Sie, was mit Ihrem Produkt im Laufe der Zeit passieren kann. Finden Sie heraus, wie anfällig Ihre Angebote sind und was die daraus resultierenden Folgen sein können, wie beispielsweise Unterbrüche in der Nutzung oder ungeplante Abnutzung usw.

Der bisher lineare Nutzungszyklus Ihres Produkts oder Ihrer Dienstleistung mit einem Anfang, ev. einer Mitte und einem Ende gilt es zu überdenken. Sind ein Produkt oder eine Dienstleistung wirklich kreislauffähig, wird es kein Ende der Lebensdauer geben, sondern ständig neue Formen des Gebrauchs. Durch das frühzeitige Abbilden mit Design Circular, wird sichergestellt, dass die Produkte und Dienstleistungen so lange wie möglich in einem nützlichen Zustand bleiben und so in jeder Lebensphase einen Mehrwert schaffen. Sie sollten für die Nutzungsphase des Produkts oder der Dienstleistung die nachfolgenden Fragen stellen. Wiederholen Sie dies für jeden der vorgesehenen Lebenszyklen.

| Fragen | Ihre Bemerkungen/Antworten |
|---|---|
| Wie lang ist die vorgesehene Nutzungsphase für das Produkt oder die Dienstleistung? | |
| Kann diese verlängert werden? | |

| Fragen | Ihre Bemerkungen/Antworten |
| --- | --- |
| Was passiert nach dem ersten Nutzungszyklus? | |
| Was kommt in der nächsten Phase? | |
| Kann diese verlängert werden? | |
| Kann das Gut in den biologischen Kreislauf zurückgeführt werden (z. B. biologisch abbaubare Verpackungen)? | |
| Wird es von einem neuen Benutzer wiederverwendet oder umgenutzt (z. B. ein Handy, das jemand nach Ihnen auf einem neuen Markt benutzt)? | |
| Wird das Produkt repariert oder überholt (z. B. ein Paar Stiefel, das repariert wird)? | |

| Fragen | Ihre Bemerkungen/Antworten |
|---|---|
| Wird das Produkt wiederaufbereitet (z. B. ein Telefongehäuse, das neu hergestellt wird, anstatt das ganze Smartphone wegzuwerfen)? | |
| Wird das Produkt recycelt (z. B. Metall, das eingeschmolzen und wiederverwendet wird)? | |
| Welcher Lebensweg ist für die verschiedenen Teile Ihres Produkts nach der ersten Nutzung vorgesehen? | |
| Ist es wahrscheinlich, dass Ihr Produkt in seine Kern elemente/Komponenten zerlegt wird, je weiter es auf dem Produktlebensweg fortschreitet? | |

### 5.1.1 Herausforderungen in der Entsorgungsphase

Bevor Sie die Arbeiten abschließen, sollten Sie die möglichen Herausforderungen während der Sammel-, Entsorgungs- und Verwertungsphase berücksichtigen. Es kann vorkommen, dass ein bestimmtes Produkt oder eine Produktkomponente aus wiederverwertbarem Material besteht, sie aber in Wirklichkeit nicht rezykliert werden kann (bspw. eingefärbte Kunststoffe). Überlegen Sie, wie die nicht kreislauffähigen Komponenten neu entworfen werden können. Wenn Sie Hilfe benötigen, gehen Sie zurück zum Thema »Auswahl der richtigen Materialien«.

[Arbeitsblatt]

### 5.1.2 Arbeitsblatt: Produktlebensweg

Fragen, die Sie mit JA beantworten können, deuten darauf hin, dass Ihr Produkt kreislauffähig ist. Fragen Sie immer wieder, was mit Ihrem Produkt oder Ihren Materialien als Nächstes geschehen wird, um die Nutzungszyklen Ihres Produkts abzubilden. Stellen Sie sich vor, Sie seien fünf Jahre alt und das Produkt soll Sie lebenslang begleiten. Überlegen Sie, wie lange der erste Lebenszyklus sein wird und wie viele Lebenszyklen folgen.

Beschreiben Sie Ihr ausgewähltes Produkt:

| Lebensphasen | 1 | | 2 | | 3 | | 4 | | 5 | |
|---|---|---|---|---|---|---|---|---|---|---|
| | Dauer der Lebensphase: | | | | | | | | | |
| Tage? | | | | | | | | | | |
| Monate? | | | | | | | | | | |
| Jahre? | | | | | | | | | | |
| Fragen | Ja | Nein | Ja | Nein | Ja | Nein | Ja | Nein | Ja | Nein |
| Geht das Produkt zurück in die Biosphäre? | ☐ | ☐ | ☐ | ☐ | ☐ | ☐ | ☐ | ☐ | ☐ | ☐ |
| Wird es wiederverwendet? | ☐ | ☐ | ☐ | ☐ | ☐ | ☐ | ☐ | ☐ | ☐ | ☐ |
| Reduce? Reduzieren? | ☐ | ☐ | ☐ | ☐ | ☐ | ☐ | ☐ | ☐ | ☐ | ☐ |
| Re-use? Wiederverwenden? | ☐ | ☐ | ☐ | ☐ | ☐ | ☐ | ☐ | ☐ | ☐ | ☐ |
| Re-fit? Überholen? | ☐ | ☐ | ☐ | ☐ | ☐ | ☐ | ☐ | ☐ | ☐ | ☐ |
| Re-build? Neu aufbauen? | ☐ | ☐ | ☐ | ☐ | ☐ | ☐ | ☐ | ☐ | ☐ | ☐ |
| Re-furbish? Aufbereiten? | ☐ | ☐ | ☐ | ☐ | ☐ | ☐ | ☐ | ☐ | ☐ | ☐ |
| Repair? Reparieren? | ☐ | ☐ | ☐ | ☐ | ☐ | ☐ | ☐ | ☐ | ☐ | ☐ |
| Re-cycle? Verwerten? | ☐ | ☐ | ☐ | ☐ | ☐ | ☐ | ☐ | ☐ | ☐ | ☐ |

Der nachfolgende Prozess hilft Ihnen, die notwendigen Entscheidungen zu treffen.

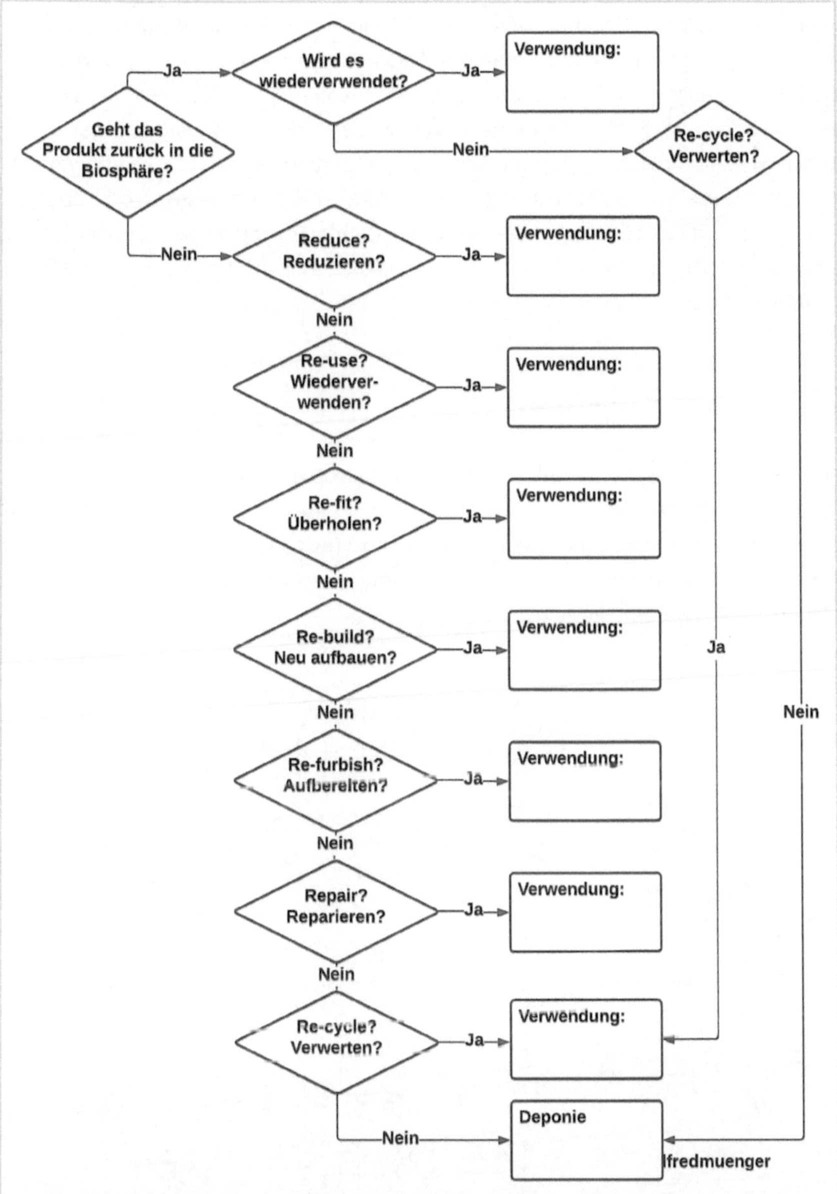


**Abbildung 37:** Entscheidungsprozess zukünftige Verwendung eines Produktes

## 5.2 Start des Pilotprojektes

Basierend auf den vorgängig erarbeiteten Arbeitsinhalten können Sie nun ein Pilotprojekt starten. Bedenken Sie, dass die Kreislauffähigkeit Ihres Produkts/Ihrer Dienstleistung als großes Ganzes zu betrachten ist und der Test im späteren Umfeld (also in einem System) stattfinden sollte. Behalten Sie die möglichen Berührungspunkte innerhalb des Systems im Auge. Damit Sie die gesetzten Ziele erreichen, müssen Sie die Rückmeldungen definieren, die Sie erhalten wollen. Ein Pilotprojekt ist die ausgedehnte Testphase Ihres Konzepts, bevor Sie zur Markteinführung übergehen. Im Gegensatz zum Prototyping ist Ihr Konzept jetzt fast fertig, und Sie sind überzeugt, dass Sie das Produkt/Dienstleistung auf dem Markt etablieren. Testen Sie Ihr Konzept gemeinsam mit den Mitarbeitenden, unter Umständen mit allfälligen. Überprüfen Sie die Supportleistung, die verwendeten Materialien, die Hilfsmittel sowie weitere Informationen, die Sie als notwendig erachten.

### 5.2.1 Ziele des Pilotprojekts

Erarbeiten Sie zu Beginn des Pilotprojektes die Ziele. Definieren Sie, was Sie mit Ihrem Pilotprojekt erreichen wollen und welche Erkenntnisse Sie sich erhoffen. Stellen Sie graphisch die Berührungspunkte/die Ansprechpartner (also Menschen, Orte, Faktoren etc.) dar, die Sie mit Ihrem Konzept »beeinflussen« wollen (Anmerkung: Die Beispielelemente sind zufällig gewählt).

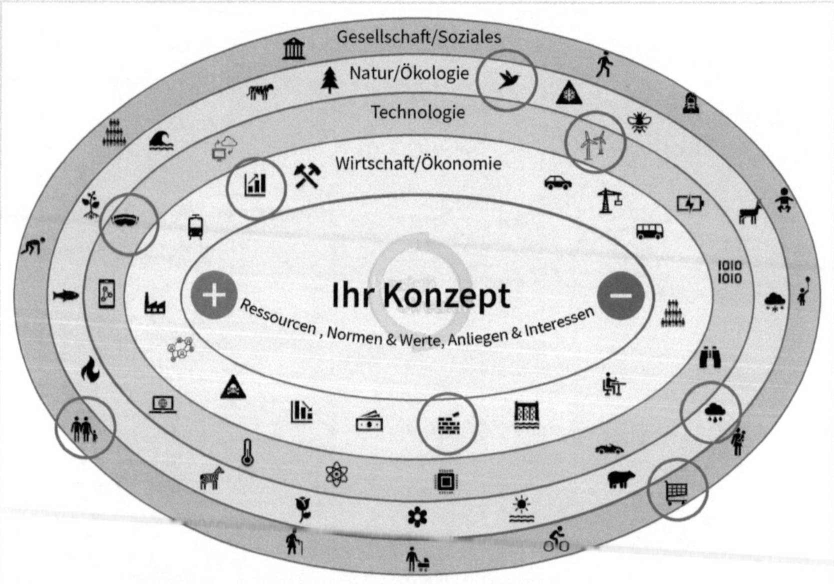


**Abbildung 38:** Berührungspunkte und Einflussfaktoren[95]

95 Eigene Darstellung in Anlehnung an das St. Galler Management-Modell von Rüegg-Stürm, J. & Grand, S. (2020).

### 5.2.2 Erkenntnisse, die Sie gewinnen wollen

Basierend auf den vorgängig skizzierten Prozessen (von der Herstellung über den Verkauf zur weiteren Nutzung und wenn möglich darüber hinaus) definieren Sie, welche Informationen für Sie wichtig sind und welche Erkenntnisse Sie gewinnen möchten.

### 5.2.3 Planung des Pilotversuches

[Arbeitsblatt]

Erstellen Sie die Planung für die Durchführung des Pilotversuchs. Definieren Sie das Vorgehen und wie Sie die relevanten Informationen/Daten/Feedbacks erhalten.

| Fragen | Ihre Bemerkungen/Antworten |
|---|---|
| Wer ist für die Durchführung des Pilotprojekts verantwortlich? | |
| Welche Ressourcen müssen bereitgestellt werden? | |
| Welche potenziellen Risiken können entstehen? | |
| Wie werden Sie mit diesen Risiken umgehen? | |

| Fragen | Ihre Bemerkungen/Antworten |
| --- | --- |
| Wie werden Sie den Erfolg der Kreislauffähigkeit messen? | |
| Wie erhalten Sie das gewünschte Feedback, um den Erfolg zu messen? | |
| Verwenden Sie quantitative Daten? | |
| Verwenden Sie qualitative Daten? | |
| Verwenden Sie eine Kombination aus beidem? | |

### 5.2.4 Lehren aus dem Pilotprojekt

Denken Sie daran, dass Sie im Lernprozess wahrscheinlich viele Iterationen haben werden. Überlegen Sie, was Folgen sind, wenn das gewünschte Ergebnis nur teilweise oder nicht erreicht wird. Im besten Falle müssen Sie nicht das ganze Konzept überarbeiten, sondern nur den Teil, der nicht die gewünschten Erfolge/Resultate bringt.

Dokumentieren Sie im Sinne des kontinuierlichen Lernens die Erkenntnisse, die Sie aus dem Pilotversuch erhalten haben. Diese Erkenntnisse sollen Ihnen als Datenbasis für zukünftige Kreislauf-Projekte dienen.

## 5.3 Streben Sie neue Partnerschaften an

Aufgrund des erstellten Prototyps ergeben sich möglicherweise neue Gelegenheiten, die Ihren Wirkungsbereich innerhalb des Systems erweitern. Eventuell helfen neue oder unerwartete Partnerschaften, Ihre Wertschöpfungskette zu stärken. Dies kann die Systemeffektivität erhöhen, idealerweise entsteht dadurch ein robusteres Geschäftsmodell.

### 5.3.1 Identifikation von Partnern

Vielleicht haben Sie bereits während der Erarbeitung der Matrix-Canvas potenzielle Partner identifiziert. Machen Sie sich Gedanken, wie Sie gemeinsam mit diesen Partnern das Projekt vorantreiben. Basierend auf den Erkenntnissen aus der Nutzerbefragung und der Prototypenherstellung reift möglicherweise die Erkenntnis, dass neue Partnerschaften Ihr Produkt bzw. Ihre Dienstleistung weiterbringen können.

### 5.3.2 Neue Möglichkeiten

Vielfach ergeben sich während der Entwicklung eines Konzepts neue Möglichkeiten. Machen Sie sich Gedanken darüber, mit wem Sie sprechen müssten, um zu verstehen, wie Sie diese neuen Möglichkeiten miteinbeziehen können (z. B. Einbettung von Technologien). Nutzen Sie die Brainstorming-Methode, um alternative Partnerschaften zu finden, die Ihre Wertschöpfungskette effektiver/effizienter werden lässt. Schauen Sie sich auch in anderen Branchen, Technologiebereichen etc. um.

### 5.3.3 Identifikation möglicher Partner

[Arbeitsblatt]

Nachdem Sie mögliche Partner identifiziert haben, zeigen Sie ihnen im Gespräch den entstehenden Nutzen Ihres Produktes/Ihrer Dienstleistung, sowohl für die Partnerunternehmen als auch für den gesamten Produktkreislauf auf.

Entwickeln Sie »Grundregeln« und legen Sie Parameter fest, damit die Zusammenarbeit erfolgreich ist. Klären Sie folgende Punkte:

| Fragen | Ihre Bemerkungen/Antworten |
|---|---|
| Welche Verpflichtungen sind von beiden Seiten erforderlich, um das Vorhaben zu verwirklichen (minimal praktikable Lösung)? | |
| Wie können Risiken reduziert werden? | |
| Wer wird von den neuen Geschäftsmöglichkeiten, die sich ergeben profitieren können und in welcher Form? | |
| Welche Daten sind notwendig, damit eine Win-Win-Situation entsteht? | |
| Welche messbaren Faktoren entscheiden, ob die Fortsetzung der Partnerschaft opportun ist? | |

## 5.4 Entwerfen Sie Ihre Geschichte

Stellen Sie die Kreislauffähigkeit Ihres Produktes oder Ihrer Dienstleistung glaubwürdig dar. Eine überzeugende Darstellung schafft bei Kunden Loyalität und verstärkt die Aufmerksamkeit der Interessengruppen. Überlegen Sie sich eine spannende und emotionale Geschichte, die die Menschen inspiriert, an Ihre Marke zu glauben (Storytelling). Manchmal ist die beste Geschichte, die Sie erzählen können, nicht diejenige der Kreislauffähigkeit Ihres Produktes oder Ihrer Dienstleistung, sondern das, was Ihr Produkt zu einem attraktiveren Erlebnis für den Kunden macht.

### 5.4.1 Markenversprechen

Überdenken Sie Ihr Markenversprechen. Überlegen Sie sich, welche Emotionen Ihre Marke bei den Kunden hervorrufen soll und mit welcher Botschaft Sie sie überzeugen wollen. In diesem Zusammenhang ist wichtig, das Bewusstsein Ihrer Belegschaft zu fördern. Dadurch gewinnen Sie intern Rückhalt für das Produkt bzw. die Dienstleistung. Überlegen Sie, wie Ihr kreislauffähiges Produkt oder Ihre Dienstleistung mit Ihren Kernkompetenzen übereinstimmt.

- Denken Sie über das Produkt hinaus.
- Entwickeln Sie neue Mehrwertdienste für den Kunden (z.B. neue Modelle oder Eigentumsverhältnisse, Personalisierung oder Reparaturdienste).
- Passen Sie sich den Kundenbedürfnissen an.
- Fördern Sie die interdisziplinäre Zusammenarbeit.
- Generieren Sie Mehrwert durch das Schließen des Kreislaufs und die Wiederverwendung von Materialien.
- Analysieren Sie die Risiken im Geschäftsmodell rund um die Ressourcennutzung.
- Aktivieren Sie Ihr Markenziel.

### 5.4.2 Storyboard [Arbeitsblatt]

Erstellen Sie ein Storyboard, das Ihnen hilft, über die Botschaft nachzudenken, die Sie Ihrem Publikum vermitteln möchten. Versuchen Sie, folgende Fragen unabhängig ihrer Reihenfolge zu beantworten. Welche Art von Geschichte Sie wählen, liegt bei Ihnen. Drücken Sie sich möglichst präzise aus bzw. wägen Sie Ihre Worte ab. Ihre Geschichte soll möglichst spezifisch sein und in einfühlsamer, authentischer Sprache erzählt sein.

Am wichtigsten ist, einen Schwerpunkt zu setzen und einen roten Faden zu spinnen. Sobald Sie alle Pfeiler der Story kennen, überlegen Sie sich, wie Sie diese Geschichte Ihren Kindern oder Ihren Kolleginnen/Kollegen bei einem Treffen erzählen würden.

| Fragen | Ihre Bemerkungen/Antworten |
|---|---|
| Beginnt Ihre Geschichte mit einer Aufforderung oder mit einer Lebensgeschichte einer Person? | |
| Was ist die Herausforderung, die Sie zu lösen versuchen? | |
| Was ist Ihre Innovation (halten Sie die Geschichte einfach – versuchen Sie nicht, zu viel zu erklären)? | |
| Warum ist dies wichtig/relevant? | |
| Was ist neu oder was ändert sich dadurch? | |
| Welche Erkenntnisse haben zu dieser Lösung geführt? | |

| Fragen | Ihre Bemerkungen/Antworten |
| --- | --- |
| Wie wird sich das Leben Ihrer Kunden verändern? | |
| Welche Geschichte oder Geschichten unterstützen Ihre Aussagen? | |
| Welche Emotionen versuchen Sie zu aktivieren? | |
| Erzählen Sie eine Geschichte, die andere mittragen können? | |
| Ist die Geschichte einfach vermittelbar? | |
| Hält sie auch außerhalb Ihrer Branche und Ihres Kontexts stand? | |

| Fragen | Ihre Bemerkungen/Antworten |
| --- | --- |
| Welche Kernaussagen hat Ihre Geschichte? | |
| Haucht Ihre Geschichte dem Produkt/der Dienstleistung Leben ein? | |

## 5.5 Neuausrichtung der Organisation

Ob Sie in einem großen oder in einem kleinen (Start-up-)Unternehmen arbeiten: Wenden Sie die Prinzipien des Design Thinking an, um den Wechsel Ihrer Organisation in Richtung Kreislaufwirtschaft sicherzustellen. Die Ausrichtung auf die Kreislaufwirtschaft wird Auswirkungen auf die Art und Weise haben, wie Ihr Team, Ihr Unternehmen und Ihre Partner zusammenarbeiten. Die Veränderung des Status quo in etablierten Organisationen kann schwierig sein, aber eine Transformation ist nicht unmöglich. Machen Sie aus Betroffenen Beteiligte. Entwickeln Sie mithilfe des Arbeitsblatts 5.5.4 die ideale Organisationsform.

### 5.5.1 Ideale Organisationsform

Stellen Sie den Kundennutzen und den Weg nach vorne in den Mittelpunkt und nicht die internen Bedürfnisse. Schaffen Sie ein Wertangebot, indem Sie die Mitarbeitenden und die internen Anspruchsgruppen zu Beteiligten machen. Loten Sie mögliche Veränderungen der Arbeitsweise aus. Erstellen Sie organisatorische Hypothesen, um Ihre Ideen zu testen. Wie entwickeln Sie eine anpassbare Ressource, um bspw. den Kundendienst flexibler zu gestalten?

### 5.5.2 Organisatorische Änderungen

Entwerfen Sie »Experimente« oder Prototypen, um Ihre organisatorischen Änderungen gleichzeitig mit dem Produkt oder der Dienstleistung zu testen. Gewährleisten Sie, dass dieser Test nur minimalen Aufwand erfordert – konzentrieren Sie sich auf das

Lernen und die Iteration. Stellen Sie z. B. temporäre Mitarbeiter ein, um zu testen, ob diese die richtigen Fähigkeiten haben, die Sie benötigen, bevor sie als Teammitglieder aufgenommen werden.

### 5.5.3 Ständige Weiterentwicklung der Organisation

Setzen Sie diesen Prozess fort, um Ihr Leistungsversprechen innerhalb Ihres Systems zu erfüllen. Denken Sie daran, dass sich die Organisation ebenso ständig iterativ weiterentwickelt wie Ihr Produkt bzw. Ihr Dienstleistungsdesign. Kontinuierliches Lernen kann Ihnen helfen, Ihren Lernprozess sinnvoll zu gestalten. Betrachten Sie jeden Bereich auf diesem Arbeitsblatt und beantworten Sie die Fragen. Legen Sie die Prioritäten für das weitere Vorgehen fest.

### 5.5.4 Neuausrichtung der Organisation

[Arbeitsblatt]

Prozesse

- Sind alle Ihre internen Prozesse sowohl auf die internen und wie die externen Anspruchsgruppen ausgerichtet?
- Falls nicht, erstellen Sie gemeinsam mit den Prozesseignern des Inputprozesses und dem folgenden Prozess neue Prozesse (intern und extern)

Priorität ☐A ☐B ☐C

Anreize

- Überlegen Sie sich, wie Sie Ihre Teams motivieren können, da in kontinuierlichen Entwicklungsschleifen die Arbeit nie erledigt ist.
- Wie können Sie Erkenntnisse und Veröffentlichungen von Teilschritten oder Produkten feiern?
- Wie können Sie mit Wertschöpfungspartnern zusammenarbeiten, um Ihren Entwicklern einen anderen Blickwinkel zu zeigen bzw. eine andere Sichtweise zu vermitteln?

Priorität ☐A ☐B ☐C

Strategie

- Ist Ihre Strategie auf Kurs?
- Greifen Sie auf das Canvas-Modell zurück und füllen Sie es mit den neu gewonnen Daten aus.
- Falls es erforderlich ist, korrigieren Sie den eingeschlagenen Kurs.

Priorität ☐A ☐B ☐C

Talente

- Wie können Sie neue Talente gewinnen (bspw. mit kurzfristigen Verträgen, temporär eingestelltem Personal, Personen aus anderen Teams oder durch die Partnerschaft mit einem anderen Unternehmen)?
- Wer könnte helfen, Wissenslücken zu füllen?
- Welche neuen Fähigkeiten und Rollen entstehen a) in Ihrer Organisation, b) auf dem Markt?
- Wie können Sie die Talente dazu begeistern, in Ihrem Unternehmen zu bleiben (Unternehmenskultur, Salär, Ausbildung, Partnerschaften etc.)?

Priorität ☐A ☐B ☐C

Infrastruktur

- Können Sie IT-Systeme anbieten, die den neusten Anforderungen entsprechen?
- Experimentieren Sie mit der Verwendung bestehender Technologien, z. B. mit Social-Media- und Open-Source-Plattformen, bevor Sie eigene, kundenspezifische Technologie anwenden?
- Ist Ihr Umfeld ideal für Ihre Tätigkeiten?
- Versuchen Sie, die Arbeit in temporäre Räume bzw. Pop-up-Spaces zu verlegen, um eventuelle Synergien zu nutzen oder mögliche Partner zu finden?

Priorität ☐A ☐B ☐C

Struktur

- Ist Ihre Team- oder Unternehmensstruktur so konzipiert, dass sie allen Mitarbeitenden gerecht wird?
- Müssen Sie strukturelle Änderungen zur Ermöglichung multidisziplinärer Teams vornehmen, oder kann dies durch neue Formen der Arbeit erreicht werden?
- Experimentieren Sie vorgängig mit multidisziplinären Teams, bevor Sie Strukturänderungen vornehmen.

Priorität ☐A ☐B ☐C

## 5.6 Kontinuierlicher Lernprozess

Entwickeln Sie Ihr Angebot aufgrund der Feedbacks weiter, suchen Sie neue Geschäftsfelder oder nehmen Sie Chancen im Bereich der Kreislaufwirtschaft wahr. Bedenken Sie, dass auch der Feedbackzyklus ständig weiterentwickelt werden soll. (Re-)Design ist eng mit der Kreislaufwirtschaft verbunden. Deshalb ist es wichtig, Feedbackschleifen zu schaffen und aus den jeweiligen Inputs zu lernen. Sammeln Sie kontinuierlich Informationen über die Verwendung Ihres Angebots, um Ihr Angebot zu adaptieren bzw. voranzubringen und weiteren Mehrwert für Ihr Unternehmen und das System als Ganzes zu schaffen.

### 5.6.1 Überprüfung der Gesamtstrategie anhand der Rückmeldungen

[Arbeitsblatt]

Überprüfen Sie den Fortschritt anhand der Rückmeldungen und Informationen, die Sie erhalten. Vergleichen Sie diese mit der erarbeiteten Gesamtstrategie im Canvas-Modell. Damit können Sie überprüfen, ob Sie das, was Sie sich vorgenommen haben, erreicht haben und die Antworten auf die von Ihnen gestellten Fragen erhalten haben. Fassen Sie die Rückmeldungen zusammen und suchen Sie nach Mustern, die Sie weiterverarbeiten können, resp. die Ihr Denken verändern. Verwenden Sie das Arbeitsblatt 5.6.2, um diese Fragen zu beantworten:

| Fragen | Ihre Bemerkungen/Antworten |
|---|---|
| Müssen Sie den Feedbackmechanismus ändern? | |
| Erhalten Sie die notwendigen Daten? | |
| Sind die Daten wertvoll oder verschwenden Sie Zeit mit dem Sammeln dieser Informationen? | |

| Fragen | Ihre Bemerkungen/Antworten |
|---|---|
| Was müssen Sie tun, um Ihr Produkt oder Ihre Dienstleistung derart zu verändern, Sie einen geschäftlichen Nutzen haben und das System als Ganzes ein Mehrwert erhält? | |
| Wie können Sie Ihr Produkt/Ihre Dienstleistung nicht nur für den Verbraucher, sondern auch für andere Nutzer in der Wertschöpfungskette verbessern? | |
| Ist Ihr Produkt oder Ihre Dienstleistung vom Standpunkt der Benutzerfreundlichkeit oder der Technik her qualitativ in Ordnung? | |
| Sind Anpassungen notwendig oder müssen Fehler eliminiert werden, damit das Produkt/die Dienstleistung besser funktioniert? | |
| Welcher Art werden Ihre nächsten Maßnahmen sein? | |

| Fragen | Ihre Bemerkungen/Antworten |
|---|---|
| Werden Sie dasselbe Modell ausbauen oder Ihren Einfluss durch die Ausweitung auf verschiedene Feedbackschleifen im System erhöhen? | |

Kehren Sie zu den Methoden im Abschnitt »Definieren« zurück und entwickeln Sie einen Aktionsplan für den Ausbau Ihrer Tätigkeiten.

### 5.6.2 Arbeitsblatt: Kontinuierlicher Lernprozess

[Arbeitsblatt]

Überprüfen Sie Ihre Fortschritte anhand des Canvas-Modells und des nachfolgenden Ablaufs. Planen Sie, wie es mit Ihrem Produkt oder Ihrer Dienstleistung weitergeht.

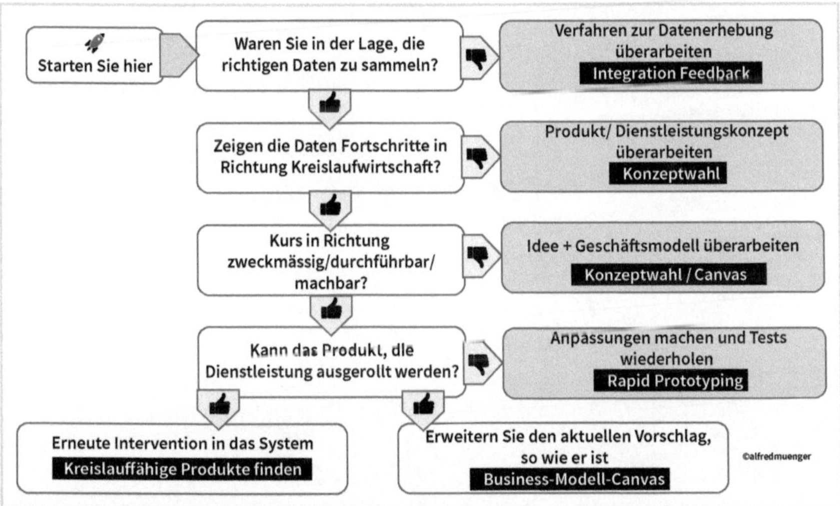


**Abbildung 39:** Kontinuierlicher Lernprozess

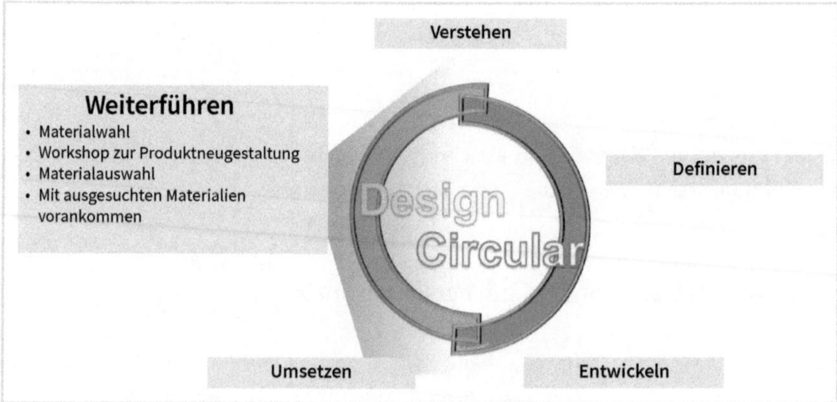
Verstehen
Weiterführen
• Materialwahl
• Workshop zur Produktneugestaltung
• Materialauswahl
• Mit ausgesuchten Materialien voranko mmen
Definieren
Design
Circular
Umsetzen
Entwickeln

# 6 WEITERFÜHREN kreislauffähiger Lösungen

## 6.1 Materialwahl

Suchen Sie Materialien, die sich für die Kreislaufwirtschaft eignen. Nutzen Sie dazu das Arbeitsblatt 4.5.5 für sichere und kreisförmige Materialien. Bei der Auswahl sicherer Materialien ist es wichtig, die Auswirkungen der Entscheidung in jeder Phase des Lebenszyklus zu untersuchen:

- während der Produktion,
- während der Nutzungsphase,
- während der Nachnutzungsphase
- bei der Rückführung von Materialien in das System.

Materialien für den gesamten Produktlebenszyklus effektiv zu wählen, bedingt, die entsprechenden Auswirkungen in jeder dieser Lebenszyklusphasen zu kennen und zu berücksichtigen.

Unter Umständen bergen die verwendeten Chemikalien und Materialien Risiken für Mensch und Umwelt, daher sind spezifische Kenntnisse unabdingbar. Als beredtes Beispiel diene das seit der Antike angewandte Asbest. Die Faser verfügt über hohe Festigkeit, ist hitze- und säurebeständig, dämmt hervorragend und wurde mannigfaltig verbaut. Es ist jedoch ebenso krebserregend. Erste Krebserkrankungen wurden in der Schweiz um 1955 entdeckt. Aufgrund einer starken Zunahme der Erkrankungen wurde der Faserstoff in der Schweiz 1989 verboten.[96]

Die Entwicklung Ihres Bewusstseins für Risiken ist der erste Schritt zu einem anderen Design. Mehrere Ansätze bürgen für eine sicherere Materialwahl. Überlegen Sie, welche Bereiche Sie als Entwickler/Designer am meisten beeinflussen können.

Folgende Methode hilft Ihnen, sichere und kreislauffähige Materialien zu wählen. Sie erhalten anbei Werkzeuge,

- ... um den Lebenszyklus des eingesetzten Materials planen zu können.
- ... Bereiche zu identifizieren, in denen die Wahl des Materials und die entsprechende Materialsicherheit die Kreislauffähigkeit beeinflusst.
- ... um die Auswirkungen der Materialwahl in den Produktlebenszyklusphasen zu verstehen.
- ... die Kreislauffähigkeit des Materials und die Materialsicherheit in der Entwurfsphase zu klären.

96 https://www.suva.ch/de-CH/praevention/sachthemen/asbest?gclid=EAIaIQobChMIlbeSs5rr6wIVENZ3Ch2uOwmdEAAYASAAEgLakvD_BwE#uxlibrary-lwrslider=1.abgerufen am 16.04.2021

### 6.1.1 Auswahl des zu analysierenden Produkts

Wählen Sie ein Produkt, mit dem Sie vertraut sind, über das Sie idealerweise vertiefte Kenntnisse verfügen hinsichtlich der verwendeten Bestandteile, der Herstellung, der Anwendung und der Vorgänge nach der Nutzungsphase. Nicht über alle Details informiert zu sein, muss Ihnen keine Sorgen bereiten. Der Zweck dieser Arbeit ist zu erkennen und aufzuzeichnen, was Sie wissen und was nicht.

### 6.1.2 Beschreiben der einzelnen Phasen

Geben Sie auf dem Arbeitsblatt an, was Sie bereits über die im Produkt verwendeten Materialien und Chemikalien wissen oder identifizieren können. Unter Umständen finden Sie Inspirationen bei früheren Produkt-Gestaltungsprojekten.

#### 6.1.2.1 Die Nutzungsphase

Zeichnen Sie das Produkt. Je nachdem, was Sie auswählen, können Sie über zusätzliche Angaben nachdenken, die für die Verwendung des Produkts erforderlich sind. Eine Kaffeemaschine benötigt beispielsweise gemahlenen Kaffee, ein Auto Treibstoff.

Wenn Sie das Produkt genauer analysieren, stellen Sie fest, was Sie über die Teile und Materialien wissen. Berücksichtigen Sie auch die Verpackung und andere Faktoren, die notwendig sind, um das Produkt an den Benutzer zu liefern. Versuchen Sie, so weit wie möglich zu den Rohstoffen zurückzugehen, die für die Herstellung des Produkts erforderlich sind.

[Arbeitsblatt]

#### 6.1.2.2 Herstellung

Mit der Liste aller verwendeten Teile und Materialien können Sie damit beginnen, den Produktionsprozess abzubilden. Überlegen Sie sich, welche Produktions- und Behandlungsprozesse zur Herstellung des Produkts erforderlich sind.

| Frage | Ihre Bemerkungen/Antworten |
|---|---|
| Werden bspw. Beschichtungen, Appreturen, Lacke, Farbstoffe, Bleichmittel oder andere Zusätze verwendet? | |

## 6.1.2.3 Beschaffung

[Arbeitsblatt]

Als Nächstes sollten Sie reflektieren, woher die Materialien ursprünglich stammen und ob darin Chemikalien verwendet wurden. Wenn Sie die Auswirkungen eines Produkts untersuchen, denken Sie an den Entstehungs- und Verarbeitungsweg, den die Materialien durchlaufen.

| Fragen | Ihre Bemerkungen/Antworten |
| --- | --- |
| Wo könnten in den verschiedenen Entstehungsphasen bedenkliche Chemikalien eingesetzt werden? | |
| Wie kann Ihre Reflexion über die Lebenszyklusstadien helfen, Entscheidungen zu treffen, um die Sicherheit und die Kreislauffähigkeit Ihres Produkts zu erhöhen? | |

Folgende Darstellung zeigt stellvertretend auf, wo überall in der Produktentstehung Chemikalien verwendet werden.

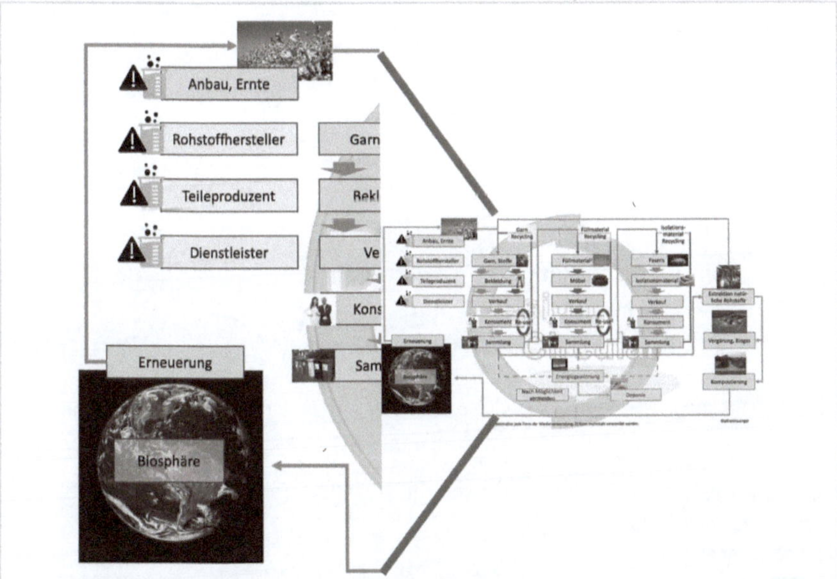


**Abbildung 40:** Verwendung von Chemikalien während des Lebenszyklus

[Arbeitsblatt]

### 6.1.2.4 Nach der ersten Nutzungsphase

Erwägen Sie, was mit dem Produkt am Ende der ersten Nutzungsphase geschieht.

| Fragen | Ihre Bemerkungen/Antworten |
|---|---|
| Kann das Produkt weiterverwendet werden? | |
| Was passiert mit dem Produkt, wenn es vom ersten Nutzer nicht mehr gebraucht wird? | |
| In welchem Umfeld kann das Produkt als Nächstes genutzt werden? | |

[Arbeitsblatt]

### 6.1.2.5 Weiterverarbeitung

Der nächste Schritt im Produktlebenszyklus muss geplant sein. Zu klären ist Folgendes:

| Fragen | Ihre Bemerkungen/Antworten |
|---|---|
| Sind irgendwelche Schritte erforderlich, um das Produkt nach der ersten Nutzungsphase umzuwandeln? | |

| Fragen | Ihre Bemerkungen/Antworten |
|---|---|
| Was muss getan werden, bevor das Produkt in den nächsten Nutzungszyklus übergehen kann? | |

Vergessen Sie nicht: Sie müssen nicht alle Antworten kennen. Der Schwerpunkt dieser Arbeit liegt auf der Ergründung und Aufzeichnung dessen, was Sie wissen, wo Lücken bestehen und wie Sie die nächsten Schritte gehen können.

### 6.1.3 Komplexe Produkte

[Arbeitsblatt]

Selbst Produkte, von denen Sie annehmen, dass sie einfach sind, können sich bei profunderer Analyse der einzelnen Bestandteile als komplex erweisen. Denken Sie darüber nach, was Sie über den Lebenszyklus des Produkts wissen:

| Fragen | Ihre Bemerkungen/Antworten |
|---|---|
| Auf welche Informationen haben Sie in jeder Lebenszyklusphase Zugriff? | |
| Fehlt es an Informationen? | |
| Welche zusätzlichen Informationen würden Ihr Verständnis des Produkts und seines weiteren Umfelds verbessern? | |

| Fragen | Ihre Bemerkungen/Antworten |
|---|---|
| Verfügen Mitglieder in Ihrem Team über mehr Informationen über das Produkt? | |
| Wären die Lieferanten in der Lage, mehr Informationen zu teilen? | |

[Arbeitsblatt]

## 6.1.4 Potenzielle chemische Risiken

Identifizieren Sie potenzielle chemische Risiken: Als bedenklich bekannte Chemikalien können in jeder Phase des Lebenszyklus eines Produkts enthalten sein. Diese Chemikalien können bei der Beschaffung, Herstellung, Verwendung und im gesamten Nach-Gebrauchsszenario Risiken für den Menschen sowie für die Umwelt (z. B. Verschmutzung von Wasser, Luft oder Ökosystemen) darstellen.

| Gefahrenquelle | Risiko |
|---|---|
| Mögliche Schadensursache; etwas, das potenziell schaden kann | Gefahrenquelle und Eintretenswahrscheinlichkeit |
| Bspw. Glatteis | Glatteis Ausrutschen |

Die Gefahr bzw. Gefahrenquelle bezieht sich auf das Schadenspotenzial einer Substanz. Das Risiko geht von einer möglichen Gefährdung des Benutzers und des Umfelds aus und bedenkt die Wahrscheinlichkeit eines Schadens. Ein Risiko besteht nur dann, wenn eine Eintretens-/Auftretenswahrscheinlichkeit überhaupt besteht. Als Analogie kann man an Schneefall oder Eisglätte denken: Beide haben das Potenzial, Schaden zu verursachen. Beide werden aber nur zu einem Risiko, wenn die Wetterbedingungen stimmen und Menschen draußen zu Fuß oder mit einem Fahrzeug unterwegs sind. Da es oft schwierig ist, den genauen Ort des Eintretens zu bestimmen, wird das Mittel einer allgemeinen Gefahrenwarnung als Vorsichtsmaßnahme eingesetzt.

Die Aufnahme des Produktlebenszyklus kann Ihnen zu erkennen helfen, wo die Gefahren des Produkts ein Risiko für Mensch oder Umwelt darstellen. Identifizieren und dokumentieren Sie in jeder Phase des Lebenszyklus, wo und wann Sie das Potenzial für Gefährdungen durch Chemikalien sehen.

| Fragen | Ihre Bemerkungen/Antworten |
| --- | --- |
| Woher beziehen Sie Ihre Materialien? | |
| Werden sie von Vorlieferanten beschafft? | |
| Welche Chemikalien werden in den Prozessen der Beschaffung, Herstellung, Produktion, Verwendung und Nachnutzung verwendet? | |
| Welche Chemikalien werden bei der Herstellung als Abwasser freigesetzt? | |
| Was geschieht mit dem Abwasser aus der Produktion? | |

| Fragen | Ihre Bemerkungen/Antworten |
| --- | --- |
| Wer sind potenzielle Subjekte (Lebewesen, Umwelt etc.), die den chemischen Stoffen während der Lebenszyklusphasen ausgesetzt sind? | |
| Welche Wege zur Freisetzung gibt es? | |
| Erfolgt sie über Luft, Wasser, Boden, Verschlucken, Einatmen oder Hautkontakt? | |
| Gibt es Aspekte des Produktdesigns, welche die Freisetzung von Chemikalien gegenüber Menschen oder der Umwelt reduzieren oder eliminieren können? | |

Berücksichtigen Sie bei Ihren Abklärungen die Mitarbeitenden, den Benutzer, die Wartungspersonen, die Tierwelt usw. Bei der Herstellung von Textilien können in jeder Phase der Produktion bedenkliche Chemikalien eingesetzt werden, vom Anbau und Färben der Baumwolle bis hin zum Waschen der Textilien, um bspw. einen Used-Look zu erhalten. Deshalb ist es wichtig, mögliche Auswirkungen vor der Gebrauchsphase zu berücksichtigen.

### 6.1.5 Minderung der Risiken

Mit Ihren vorgängigen Arbeiten haben Sie mögliche Risiken (Chemikalien, bedenkliche Stoffe etc.) identifiziert. Zeigen Sie diese mit Risiken behafteten Stadien im Produktlebenszyklus auf und ermitteln Sie Ansätze, wie diese Risiken gesenkt werden können.

Behalten Sie im Auge, dass die Lösungsansätze ganzheitlicher Natur sein müssen. Sie sind Teil eines mehrphasigen, iterativen und kontinuierlichen Verbesserungsprozesses. Die Verhinderung bzw. Minderung dieser Risiken basiert auf folgenden drei Ansätzen.

#### 6.1.5.1 Transparenz

Im Zusammenhang mit der Materialsicherheit ist ein Inventar zu erstellen. Sämtliche in einem Produkt und seiner Herstellung verwendeten Materialien und Chemikalien sind unter Berücksichtigung der Lieferkette zu erfassen. Die Zusammenstellung genauer und transparenter Informationen über die in einem Produkt verwendeten Chemikalien und Materialien ist der erste Schritt zur (Produkt-)Sicherheit. Zu den Aktivitäten im Zusammenhang mit dem Inventuransatz gehören etwa:

- Zusammenarbeit mit Rohstofflieferanten,
- Erstellung eines Materialbestands,
- eine Stückliste (BOM).

#### 6.1.5.2 Chemikalienmanagement

Das Screening von Chemikalien findet auf verschiedene Weise statt, bspw. die Einhaltung gesetzlicher Vorschriften wie »RoHs«[97] und »Reach«.[98] Ebenso werden Listen mit eingeschränkten Substanzen bis hin zu proaktiven toxikologischen Bewertungen appliziert, um bekannte oder vermutete gefährliche Substanzen zu eliminieren und zu sichereren Chemikalien überzugehen.

#### 6.1.5.3 Innovation

Wenn derzeit keine geeigneten Ersatzstoffe existieren, kann unter Umständen eine Design-Innovation dazu beitragen, die bedenklichen Chemikalien zu beseitigen – immer unter der Voraussetzung, dass ein Re-Design des Produktes weiterhin mindestens die bisherigen Eigenschaften erfüllt. Funktion, Qualität, Leistung, Wert und ästhetische Anforderungen müssen folgerichtig mindestens gleich gut oder besser sein. Entwickler spielen eine wichtige Rolle, wenn es darum geht, Ersatzstoffe von bedenklichen Chemikalien zu finden.

97 EU legislation restricting the use of hazardous substances in electrical and electronic equipment (EEE) and promoting the collection and recycling of such equipment has been in force since February 2003. https://ec.europa.eu/environment/waste/rohs_eee/index_en.htm abgerufen am 16.09.2020.

98 REACH is a regulation of the European Union, adopted to improve the protection of human health and the environment from the risks that can be posed by chemicals, while enhancing the competitiveness of the EU chemicals industry. https://echa.europa.eu/regulations/reach/understanding-reach abgerufen am 16.09.2020.

### 6.1.6 Die Rolle der Entwicklung

Überlegen Sie, wo die Rolle der Entwicklung oder des Designs den größten Einfluss auf eine sichere und kreislauffähige Materialauswahl haben kann. Aus der Sicht des Designs kann eine Chemikalie, die bei der Beurteilung der Materialsicherheit als bedenklich identifiziert wurde, möglicherweise durch eine »sichere« Chemikalie ersetzt werden. Wenn diese Chemikalie zwingend notwendig für die gewünschte Leistung ist, kann dies ein Hindernis für die Innovation neuer Stoffe zwecks Risikominderung sein. Denken Sie darüber nach, wie Sie als Entwickler sicheres und kreislauffähiges Denken von Anfang an in den Designprozess integrieren. Die gesamtheitliche Betrachtung des Systems bzw. des Umfelds der kreislauffähigen Materialauswahl ist entscheidend. Sie finden zusätzliche Information auf der Internetseite des Cradle to Cradle Products Innovation Institutes.[99]

[Arbeitsblatt]

### 6.1.7 Arbeitsblatt: Material Skizze

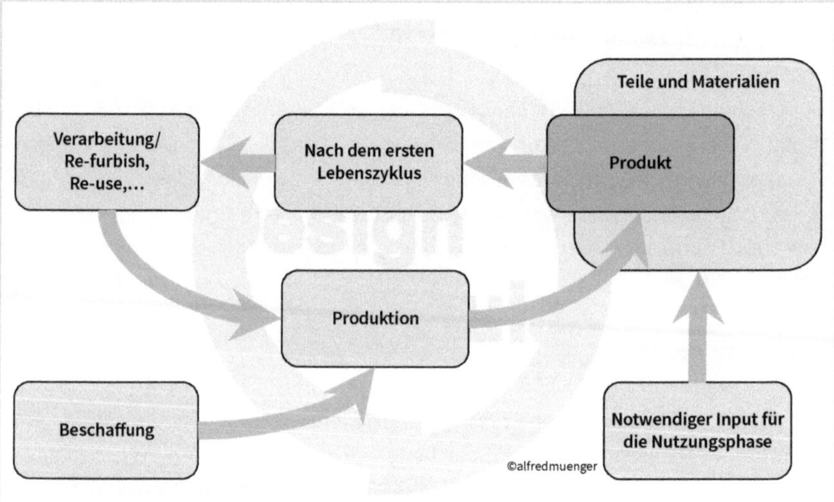


**Abbildung 41:** Materialskizze

99 The Cradle to Cradle Products Innovation Institute is dedicated to powering innovation for the circular economy through products that have a positive impact on people and planet https://www.c2ccertified.org/about/about abgerufen am 16.09.2020.

| **Finden Sie heraus …** | **Antworten** |
|---|---|
| Welche Materialien benötigen Sie zur Herstellung resp. zur Verwendung des Produktes? | |

| **Identifizieren Sie …** | Antworten |
|---|---|
| Was passiert nach der ersten Lebensphase? | |
| In welchen Bereichen werden gefährliche Stoffe eingesetzt? | |

| **Wählen Sie einen Ansatz …** | **Antworten** |
|---|---|
| Transparenz, Liste mit gefährlichen Chemikalien und deren Handhabung oder Innovation? | |
| Welche Rolle spielen die Entwickler? | |

## 6.2 Workshop zur Produktneugestaltung

Überlegen Sie sich in diesem Workshop, welche Strategie Sie zur Selektion von sicheren und kreislauffähigen Materialien wählen und wie Sie sie im Designprozess zur Neugestaltung eines definierten Produktes anwenden. Ihre Entwicklungsabteilung spielt eine wesentliche Rolle bei der Auswahl der kreislauffähigen Materialien. Stoffe, die Chemikalien enthalten, die für Mensch und Umwelt bedenklich, verunreinigend oder potenziell gefährlich sind, bleiben ungeeignet.

Oft wird eine bedenkliche Chemikalie verwendet, weil ein Produktdesigner oder -hersteller sich möglicherweise nicht über die Auswirkungen auf Menschen und Umwelt im Klaren ist. Häufig werden diese Materialien gebraucht, weil sich deren funktionelle Leistung, auf den ersten Blick als das Nonplusultra der momentanen Technik erweist oder weil sie schlicht am kostengünstigsten sind. Exemplarisch sind Zahnpasta mit Mikroplastikpartikeln, glyphosathaltige Dünger im Garten, Farben und Lacke etc.

Mit dem Workshop zur Produktneugestaltung verstehen sie die Auswirkungen sicherer und kreislauffähiger Materialentscheidungen im Designprozess besser. Sie werden eine Reihe von Strategien für den Ersatz und Verzicht bedenklicher Chemikalien erkennen.

Unten finden Sie eine Methode für eine sichere, unbedenkliche und kreislauffähige Materialauswahl.

- Suchen Sie Beispiele für bedenkliche Chemikalien, die Sie in Ihren Produkten verwenden.
- Überprüfen Sie, ob sie für die vorhergesehenen Materialeigenschaften wichtig oder sogar unabdingbar sind.
- Machen Sie sich mit den im Produkt verwendeten Chemikalien vertraut.
- Erarbeiten Sie verschiedene Strategien, wie bedenkliche Chemikalien zu ersetzen sind.
- Überlegen Sie, wie das Produktdesign mit der Implementierung sicherer und kreislauffähiger Materialien einhergehen kann.

Der Workshop kann individuell oder mit mehreren Teilnehmenden durchgeführt werden. Zur Vorbereitung drucken Sie das Arbeitsblatt 6.2.12 aus. Sie können es als Leitfaden zur sicheren und kreislauffähigen Produktneugestaltung verwenden.

[Arbeitsblatt]

### 6.2.1 Wählen Sie ein Produkt

Als ersten Schritt des Workshops wählen Sie ein von Ihnen verkauftes Produkt aus. Das Designziel ist, ein kommerzielles Produkt umzugestalten, sodass es sicher und kreislauffähig wird. Zeigen Sie auf, wo und unter welchen Bedingungen das Produkt genutzt wird. Stellen Sie sich die Frage, um vertiefter zu analysieren, welchen Nutzen Ihr kommerzielles Produkt den Anwendern bringt.

| Fragen | Ihre Bemerkungen/Antworten |
|---|---|
| Was sind die Bedürfnisse des Benutzers? | |
| Wer sind die Benutzer des Produktes? | |
| Warum wird das Produkt benutzt? | |
| Wie wird das Produkt verwendet? | |
| Was sind spezielle Eigenschaften des Produktes? | |

| Fragen | Ihre Bemerkungen/Antworten |
| --- | --- |
| Welche Eigenschaften sind wesentlich? | |
| Welche Eigenschaften schätzen die Benutzer? | |
| Was kann das Produkt? | |
| Wann wird das Produkt benutzt? | |
| Unter welchen Umständen wird das Produkt verwendet? | |
| Wo wird das Produkt verwendet? | |

Notieren Sie die Schlüsselwerte des ausgewählten Produktes auf dem Arbeitsblatt.

Produkte, die für den Einsatz im Gesundheits- oder Bildungsbereich entwickelt wurden, erfordern möglicherweise eine andere Funktionalität als diejenigen in Privathaushalten. Ein Bodenbelag, der bspw. in einer Schule zum Einsatz kommt, muss andere Anforderungen an die Haltbarkeit und die Fleckenbeständigkeit aufweisen, um Schäden durch kreative Aktivitäten zu vermeiden. Die Gestaltung dieses Bodenbelages mit sicheren Materialien ist in diesem Umfeld besonders wichtig.

### 6.2.2 Wählen Sie mögliche Materialien

Homogene Materialien, beispielsweise eingefärbte Kunststoffe, sind als Materialien mit einheitlicher Zusammensetzung definiert und können theoretisch mechanisch nicht getrennt werden. Sie umfassen einen Teil oder die gesamte Zusammensetzung eines Produkts. Die chemischen Komponenten eines homogenen Materials haben oft Eigenschaften, die es für die Gesamtleistung eines Produkts und seinen Wert für den Benutzer wichtig machen, bspw. Kunststoff mit Glasfaserverstärkung. Auf dem Arbeitsblatt ist als Beispiel eine Chemikalie aufgeführt, die in homogenen Materialien vorkommen kann. Wählen Sie aus der Stückliste Ihres Produktes zwei Materialien (chemische Grundstoffe) aus, die für die Produkteigenschaften entscheidend sind.

### 6.2.3 Überprüfen Sie die existierenden Materialien

Der nächste Schritt im Prozess ist die Überprüfung der beiden von Ihnen ausgewählten Materialien (chemische Grundstoffe). Mit systematisiertem Testen (Screeningverfahren) untersuchen Sie, ob sich in den Materialien bekannte bedenkliche Chemikalien befinden. Die Plattform www.materialwise.org stellt ein kostenloses Screening-Tool online zur Verfügung.

Das Tool ermöglicht Ihnen, die genutzten Stoffe oder Substanzen zu prüfen. Sie erkennen damit, ob Ihre Materialauswahl irgendwelche bekannte Gefahren birgt. Achten Sie darauf, dass die gewählte Substanz bedenkenlos bzw. sicher nutzbar ist. Nach dieser ersten Überprüfung sind unter Umständen weitere Untersuchungen erforderlich, um eventuelle Auswirkungen der Materialwahl zu erkennen.

| Wählen Sie folgendes Vorgehen: | Die einzelnen Schritte: |
| --- | --- |

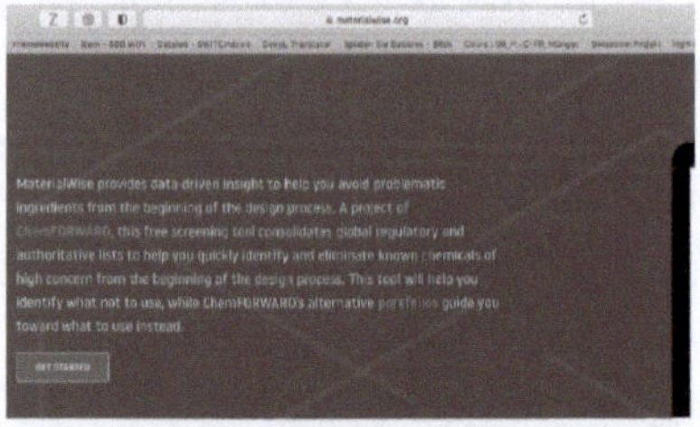

Öffnen Sie www.materialwise.org/screen[100].

Loggen Sie sich ein oder registrieren Sie sich mit Ihrer E-Mail-Adresse.

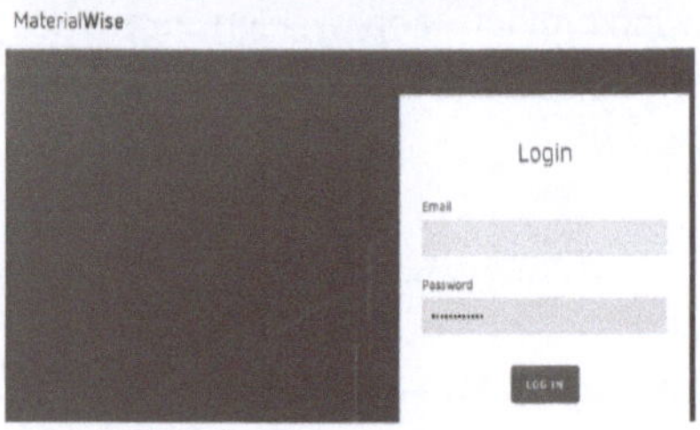


Erstellen Sie ein »Projekt«.

Suchen Sie nach jeder Substanz über ihre Chemical Abstract Service Nummer (CAS-Nummer).

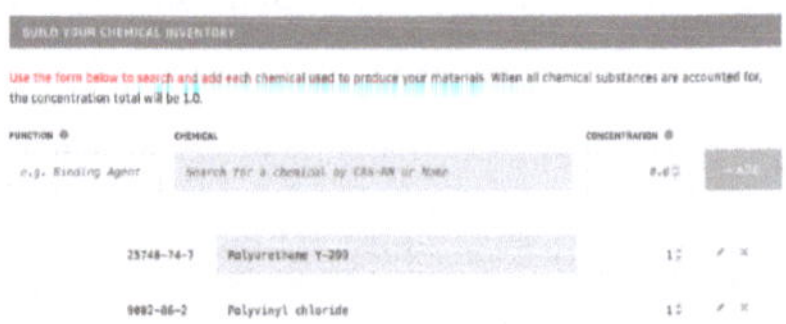

100 https://www.materialwise.org abgerufen am 17.09.2020.

| Wählen Sie folgendes Vorgehen: | Die einzelnen Schritte: |
|---|---|
| Fügen Sie für jede Substanz eine Konzentration hinzu. Wenn Sie sich nicht sicher sind, arbeiten Sie mit Szenarien. |   |
| Drücken Sie auf »Screen«, wenn Sie bereit sind. | 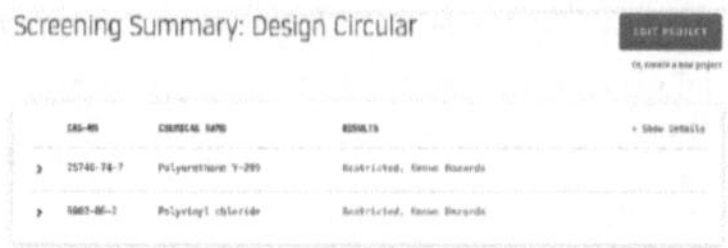  |
| Überprüfen Sie die Ausgabe. | 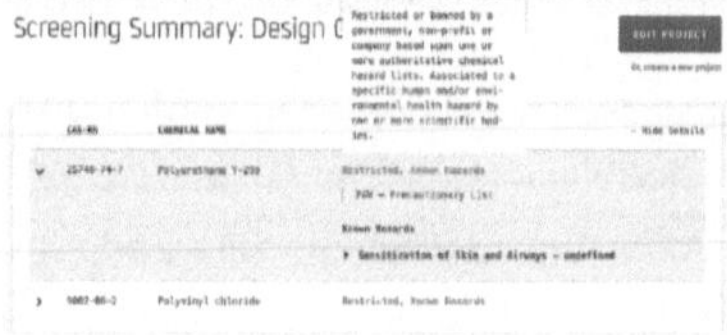  |
| Markieren Sie die bedenklichen Stoffe | 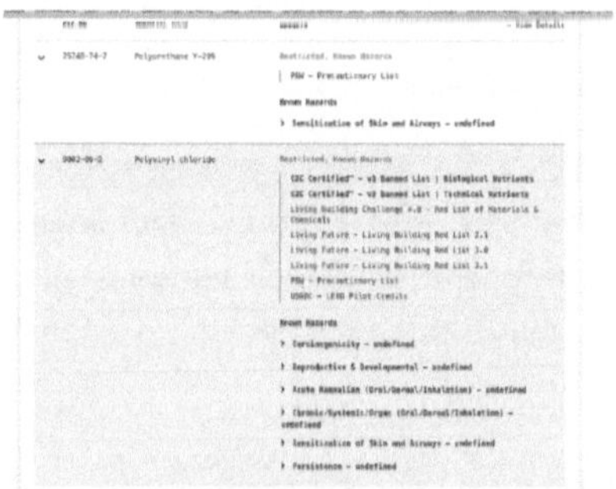 |

## 6.2.4 Sammeln Sie Ideen

Sie haben jetzt festgestellt, welche Materialien bekanntermaßen bedenkliche Chemikalien enthalten. Nun müssen Sie mit den verfügbaren Informationen die Prioritäten für die Neugestaltung festlegen. Überlegen Sie sich aber vorgängig, für welche Eigenschaft(en) diese Chemikalie(n) im Produkt steht. Die Kapitel 6.2.5 bis 6.2.9 dienen als Leitfaden für neue Ideen, wie in Ihrem Produkt sicherere und kreislauffähigere Materialien verwendet werden können. Der folgende Leitfaden dient dazu, über verschiedene Ansätze nachzudenken.

### 6.2.5 Überdenken Sie den Nutzen Ihres Produktes

Was ist das Wertversprechen des Produkts? Gesucht sind neue Wege und der Ersatz risikobehafteter Chemikalien, um dem Benutzer mindestens den bisherigen Nutzen des Produkts weiterhin anbieten zu können. Können Sie die bedenklichen Chemikalien nicht durch andere Produkte ersetzen, versuchen Sie, sie möglichst sparsam (reduce) einzusetzen. Überlegen Sie, ob Sie das Produkt als Dienstleistung anbieten können, oder ob Sie ein Rücknahmeprogramm entwickeln, um die fragwürdigen Chemikalien aus dem Abfallstrom herauszuhalten.

Ausgangspunkt: Könnte Ihr Produkt in ein neues und besseres Serviceerlebnis verwandelt werden? Untersuchen Sie anhand des Arbeitsblattes 2.3.4, wie gängige Produkte in ein Dienstleistungsmodell verwandelt werden könnten.

### 6.2.6 Definieren Sie Ihr Produkt neu

Berücksichtigen Sie die funktionalen und emotionalen Bedürfnisse, die das Produkt erfüllt, und die Anforderungen an das Design, um sie zu erfüllen.

- Welchen Wert bieten die verwendeten Chemikalien, Materialien und Teile?

| Ausgangspunkt: Was ist der Nutzen des Produkts und was sind dessen Anforderungen? |
|---|

Überlegen Sie, was das bisherige (toxische) Produkt ersetzen könnte. Kunststoffe könnten beispielsweise durch nachwachsende Rohstoffe substituiert werden. Beachten Sie, wo und unter welchen Bedingungen das Produkt eingesetzt wird. Die Anforderungen an einen Bodenbelag in einem Kindergarten sind anders als in einem Büro.

### 6.2.7 Gestalten Sie Ihr Produkt neu

Stellen Sie die Funktionalität der Komponente infrage, die die betreffende Chemikalie enthält. Verbessern Sie die Komponente, indem Sie die Chemikalie ersetzen und gleichzeitig die Struktur und die Form so umgestalten, dass die Funktionalität erhalten bleibt oder verbessert wird.

Beispiel: Viele kommerzielle Produkte verwenden Polyvinylchlorid (PVC) als primäres Trägermaterial. PVC wird als halogeniertes Polymer eingestuft; sowohl die Herstellung als auch die Verbrennung von PVC nach der Verwendung können toxische Dioxine in die Luft freisetzen oder ins Abwasser abgeben.[101] Eine Lösung besteht darin, PVC durch ein Alternativmaterial zu ersetzen, etwa mittels eines natürlichen, nachwachsenden Rohstoffes oder mithilfe eines anderen Kunststoffes, der nicht halogeniert ist. Dadurch können die potenziell gefährlichen Auswirkungen von PVC vermieden werden.

### 6.2.8 Überdenken Sie die Verwendung bedenklicher Chemikalien

Überlegen Sie sich, welche Funktion(en) die verwendete Chemikalie in Ihrem Produkt übernimmt. Überprüfen Sie die Möglichkeit, diese Chemikalie aus dem Material oder Produkt zu entfernen oder durch ein alternatives, sichereres Material mit ähnlichen oder besseren Eigenschaften zu ersetzen.

Beispiel: Heutzutage sind viele Produkte – im Speziellen Körperpflege- oder Reinigungsprodukte – mit antimikrobiellen Materialien und Chemikalien versetzt.

Gemäß dem deutschen Bundesinstitut für Risikobewertung, ist der Einsatz dieser Mittel nicht notwendig, belastet indes beispielsweise die menschliche Hautflora und die Umwelt unnötig, birgt also gesundheitliche Risiken. Die toxische antimikrobielle Chemikalie kann im nichtmedizinischen Bereich ohne Ersatz weggelassen werden.[102]

### 6.2.9 Belastung durch die Chemikalie reduzieren

Wenn es nicht möglich ist, die bedenkliche chemische Substanz zu ersetzen, stellen Sie sicher, dass der Nutzer gegenüber diesem Stoff während des gesamten Lebenszyklus wenig exponiert ist. Das Ausgesetztsein umfasst die Handhabung des Rohmaterials durch Menschen, während des Herstellungsprozesses, von Produktanwendern und durch die Rezyklierer/Verarbeiter des Produkts.

**Ausgangspunkt**

Verwenden Sie das Arbeitsblatt 4.5.5 »Intelligente Materialwahl«, um zu definieren, wo im Lebenszyklus des Produkts eine Exposition gegenüber bedenklichen Chemikalien auftritt. Was können Sie in der Entwicklung des Produktes umsetzen, um Mensch und Umwelt vor den schädlichen Auswirkungen der bedenklichen Substanzen zu schützen?

---

101 https://www.bmu.de/fileadmin/Daten_BMU/Pools/Forschungsdatenbank/fkz_um19_34_5080_schadstoffe_kunststoffe_bf.pdf abgerufen am 04.11.2020.

102 https://www.bfr.bund.de/de/presseinformation/2000/17/antibakterielle_reinigungsmittel_im_haushalt_nicht_erforderlich-890.html abgerufen am 18.09.2020.

[Arbeitsblatt]

## 6.2.10 Besprechen Sie Ihre Ideen

Denken Sie über die Designstrategien nach, die Sie normalerweise verwenden. Bei Ihren Überlegungen helfen Ihnen folgende Fragen:

| Fragen | Ihre Bemerkungen/Antworten |
|---|---|
| Wo berücksichtigen Sie in Ihrem eigenen Entwicklungsprozess unbedenkliche Rohstoffe? | |
| Wie ändern Sie Ihre Designstrategie, um unbedenkliche Stoffe zu berücksichtigen? | |
| Welche Art von Informationen benötigen Sie, um sichere und kreislauffähige Materialien zur Verwendung in Ihrem Produkt auszuwählen? | |
| Wie greifen Sie auf diese Informationen zu? | |
| Wie arbeiten Sie mit Ihren Teammitgliedern und Ihrer Lieferkette zusammen, um Informationen über die chemische Zusammensetzung eines Materials zu erhalten? | |

| Fragen | Ihre Bemerkungen/Antworten |
| --- | --- |
| Was muss sich in Ihrem Design-Ansatz ändern, um sicherzustellen, dass die Eliminierung bedenklicher Stoffe von Ihrem Team als Chance und kreativer Ausgangspunkt verstanden wird? | |
| Welche Informationen und welcher Kontext müssen in das Design-Briefing aufgenommen werden, um die notwendige Materialsicherheit in Ihren Designprozess zu integrieren? | |
| Wer aus Ihrer Organisation muss einbezogen werden? | |
| Welche Art von Fachwissen wird in Ihrem Team benötigt, um zu gewährleisten, dass die Überlegungen zur materiellen Gesundheit vollständig sind? | |
| Wo und wie können Sie auf dieses Fachwissen zugreifen? | |

[Arbeitsblatt]

## 6.2.11 Arbeitsblatt: Workshop sicheres und kreislauffähiges Material

<table>
<tr><td colspan="9">Definieren Sie ein Produkt:</td></tr>
<tr><td colspan="9">Befragen Sie einen Anwender Ihres Produktes, welche funktionellen Bedürfnisse und Anforderungen er/sie an Ihr Produkt stellt?<br>(Bsp. Auto: Transfer von A nach B)</td></tr>
<tr><td colspan="9">Definieren Sie die eingesetzten Chemikalien.</td></tr>
<tr><td colspan="5">Wählen Sie aus der Stückliste Ihres Produktes zwei Materialien aus, die für die Produkteigenschaften entscheidend sind.</td><td colspan="4">1)<br>2)</td></tr>
<tr><td colspan="4">Erstellen Sie eine Liste mit den chemischen Grundstoffen, die in diesen Materialien verwendet wurden. → www.materialwise.org</td><td colspan="2"></td><td colspan="3">Markieren Sie, welche Chemikalien nicht zwingend notwendig sind und welche Sie im nächsten Produkt Re-Design ändern wollen.</td></tr>
<tr><td rowspan="2">Material</td><td rowspan="2">Materialbezeichnung</td><td rowspan="2">Familie</td><td rowspan="2">CAS Nr.</td><td colspan="2">Toxisch</td><td colspan="2">Zwingend notwendig</td><td rowspan="2">Möglicher Ersatz</td></tr>
<tr><td>Ja</td><td>Nein</td><td>Ja</td><td>Nein</td></tr>
<tr><td>Garn</td><td>Nylon 6</td><td>Polymer</td><td>25038-54-4</td><td></td><td></td><td></td><td></td><td></td></tr>
<tr><td></td><td></td><td></td><td></td><td></td><td></td><td></td><td></td><td></td></tr>
<tr><td></td><td></td><td></td><td></td><td></td><td></td><td></td><td></td><td></td></tr>
</table>

[Arbeitsblatt]

## 6.2.12 Arbeitsblatt: Re-Design Workshop sicheres und kreislauffähiges Material

**Re-Design, entwickeln Sie drei Verbesserungskonzepte/ vorschläge**

- Führen Sie ein Brainstorming durch, um neue Ideen zu generieren.
- Gibt es alternative bzw. bessere Möglichkeiten, die bedenklichen Substanzen bei zukünftigen Entwicklungen nicht mehr einzusetzen?

Beschreiben und visualisieren Sie drei Verbesserungskonzepte. Geben Sie den Verbesserungsvorschlägen einprägsame Namen.

Konzept/Idee:

**Sammeln Sie Ideen:**

- Was muss in den Re-Design Prozess miteinbezogen werden?
- Welche Daten wären wichtig?
- Welche Infrastruktur wird benötigt?
- Mit wem müssten Sie zusammenarbeiten?

Ideen:

## 6.3 Materialauswahl

Die von Ihnen verwendeten Stoffe bilden die Grundlage für Ihr neues kreislauffähiges Produkt, daher spielt die Materialwahl bereits bei der Produktentwicklung eine bedeutende Rolle. Bemühen Sie sich, sofern technisch möglich, nur biologisch abbaubare, unbedenkliche und/oder kreislauffähige Materialien zu wählen. Dieserart stellen Sie Produkte her, die sowohl für den Menschen als auch für die Umwelt unschädlich sind. Die zur Herstellung der Güter verwendeten Materialien können wiederverwendet werden, ohne Kontaminationen zu verursachen.

Die vorhandene Palette unbedenklicher Materialien ist relativ breit. Ohne vollständige Transparenz der chemischen Zusammensetzung in den verwendeten Materialien ist die

Auswahl des richtigen Materials freilich komplex. Design Circular hilft Konstrukteuren, Designern und Entwicklern im Zusammenhang mit der Materialwahl, die richtigen Fragen zu stellen. Das bessere Verständnis für mögliche Gesundheits- und Umweltauswirkungen und die daraus gewonnenen Erkenntnisse fließen in neue Produktentwürfe ein.

Dieser Workshop soll Ihnen helfen:
- ... die chemische Zusammensetzung eines Materials Ihrer Wahl zu finden;
- ... die ausgewählten Produkte im MaterialWise[103]-Tool zu suchen, um bekannte Gefahren zu identifizieren;
- ... die Auswirkungen der Materialwahl auf den Produktlebenszyklus zu erkennen;
- ... herauszufinden, wie das Material in ein kreislauffähiges Design passt und wie es zur Kreislaufwirtschaft beiträgt.

### 6.3.1 Erstellen einer Stückliste

Die Erstellung der Stückliste ist eine gute Möglichkeit, sich einen Überblick über die verschiedenen Materialien in einem Produkt zu verschaffen.
- Erstellen Sie eine vollständige Stückliste Ihres Produkts (Arbeitsblatt 4.5.5).
- Identifizieren Sie die Materialien, aus denen jede Komponente besteht.
- Identifizieren Sie die verwendeten chemischen Basisstoffe.
- Falls in Ihrem Produkt zu viele Materialien vorhanden sind, konzentrieren Sie sich auf die meistverwendeten Materialien.
- Listen Sie alle zusätzlichen Einzelteile.

### 6.3.2 Weisen Sie einen generischen Materialtyp zu

Damit Sie mehr über die Materialien in jedem Teil verstehen, ist es nützlich, jedem homogenen Material einen generischen Materialtyp[104] (nicht abschließend) zuzuordnen:
- Metall
- Kunststoff
- Kunststoff/Metall-Verbundstoff
- Gefärbte Textilien
- Lösungsmittel
- Holz
- Gewebe oder Faser
- Glas

103 https://www.materialwise.org abgerufen am 20.09.2020.
104 https://echa.europa.eu/documents/10162/23036412/substance_id_de.pdf/eb1721f9-74ec-4f8c-8aa3-1490fd510685 abgerufen am 04.11.2020.

- Schaumstoff
- Klebstoff
- Oberflächenbehandlung

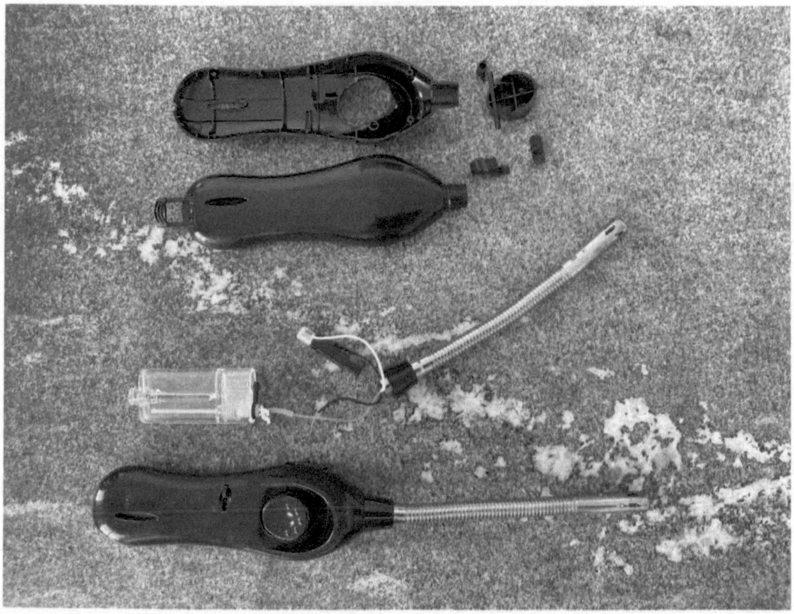

**Abbildung 42:** Beispiel eines zerlegten Produkts

Homogene Materialien werden als Materialien mit einheitlicher Zusammensetzung definiert und können (theoretisch) mechanisch nicht in verschiedene Materialien getrennt werden. Zum Beispiel enthält gefärbter Kunststoff nur ein homogenes Material, weil er aus einer Kombination von Polymer- und Farbstoffmaterialien besteht, die mikroskopisch miteinander verflochten sind, was zum heutigen Zeitpunkt eine mechanische Trennung fast unmöglich macht.[105]

### 6.3.3 Einstufung des Materials

Nachdem Sie im vorherigen Schritt den generischen Materialtyp identifiziert haben, können homogene Materialien entweder als geeignet für einen biologischen oder einen technischen Kreislauf klassifiziert werden. Die Einstufung eines Materials für den biologischen oder technischen Kreislauf[106] hängt davon ab, was mit einem Produkt nach der Nutzungsphase geschieht.

105 https://www.chemie.de/lexikon/Kunststoff.html#Werkstoffliche_Verwertung abgerufen am 04.10.2020.
106 https://epea.com/en/about-us/cradle-to-cradle abgerufen am 10.03.2020.

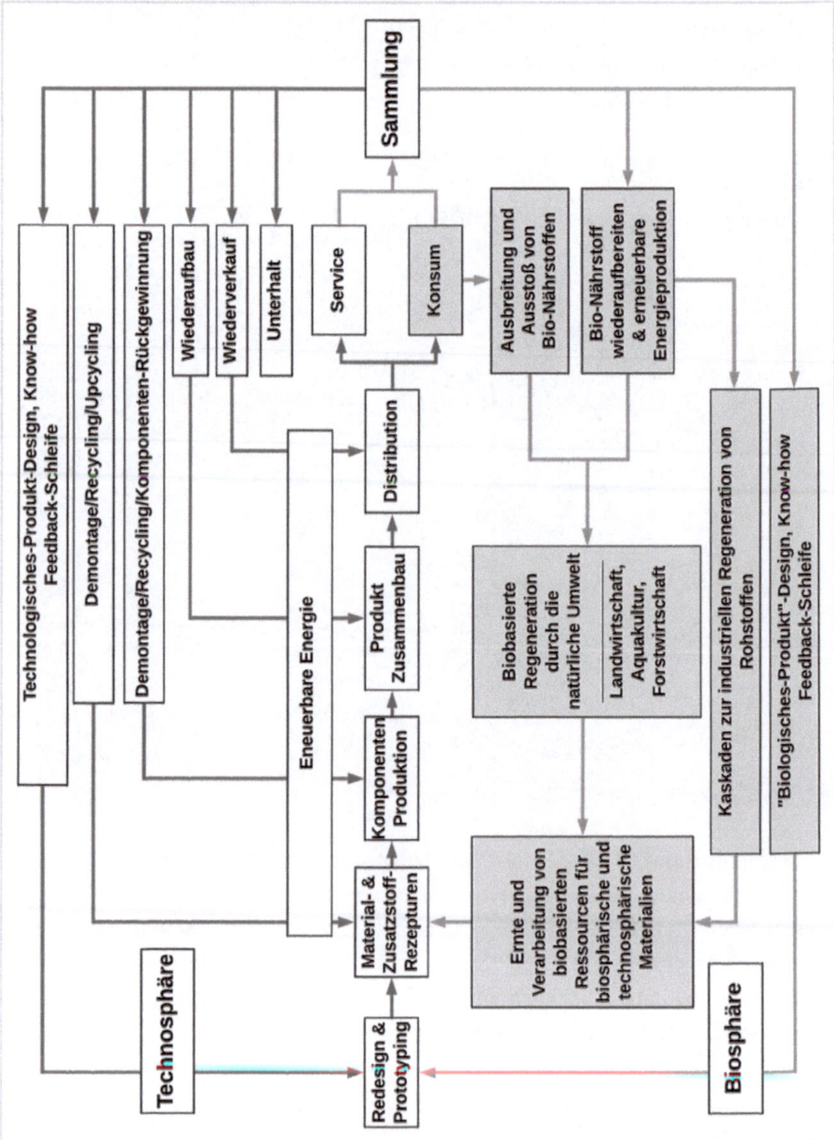


**Abbildung 43:** Cradle to Cradle[107]

107 Eigene Darstellung in Anlehnung an: https://epea-hamburg.com/toolbox-circular-economy/abgerufen am 10.03.2020.

Materialien, die für einen technischen Zyklus geeignet sind, können von einem biologischen System nicht verbraucht oder anderweitig verarbeitet werden. Metalle und Kunststoffe sind Beispiele für technische Materialien. Sie können demontiert und wiederverwendet oder nach ihrer Nutzungsphase physikalisch oder chemisch umgewandelt werden.
Materialien, die sich für einen biologischen Kreislauf eignen, sind derart konzipiert, dass sie während oder nach ihrer Nutzungsphase in die Umwelt zurückkehren. Holz, Baumwollfasern und Papier sind Beispiele für biologische Materialien.

> Beginnen Sie damit, jedes generische Material dem entsprechenden Kreislauf (technisch oder biologisch) zuzuordnen. Dies wird Ihnen später helfen, wenn Sie die Optimierung des Produkts in Angriff nehmen.

Das obige Diagramm des Kreislaufwirtschaftssystems in Anlehnung an die Arbeit von William McDonough und Michael Braungart, den Gründern von Cradle to Cradle, zeigt den biologischen und den technologischen Kreislauf. Einige Materialien wie Baumwollgewebe oder Papier sind in einem technischen Kreislauf mehrmals wiederverwendbar, bevor sie in den biologischen Kreislauf zurückkehren. Diese Materialien sind im Grunde immer noch biologisch.

### 6.3.4 In die Tiefe gehen

Um wirklich zu verstehen, ob ein Material für Mensch und Umwelt sicher ist, muss man seine chemische Zusammensetzung kennen. Diese Informationen werden oft als geistiges Eigentum des Lieferanten betrachtet[108] und sind daher häufig nicht leicht zugänglich. Deswegen ist es wichtig, innerhalb Ihrer Lieferkette nebst einer engen Zusammenarbeit auch Vertrauen aufzubauen.

> Beginnen Sie, die Materialien, die Sie in großen Mengen verwenden, sowie deren Lieferanten zu identifizieren.

Erkundigen Sie sich, wie Sie von Lieferanten mehr Informationen über die chemische Zusammensetzung ihrer Materialien und Komponenten erhalten.

Fragen Sie Ihre Zulieferer, ob sie über gefährliche Substanzen oder bedenkliche Chemikalien in den verwendeten Materialien oder Produkten Kenntnis haben.

108 https://www.ige.ch/de/recht-und-politik/immaterialgueterrecht-international/ip-organisationen/epo/einheitlicher-patentschutz-der-eu.html abgerufen am 12.09.2020.

Die Lieferanten verfügen im Normalfall für Ihre Materialien über Materialsicherheitsdatenblätter (MSDS). Diese Datenblätter, die von der US-amerikanischen Arbeitsschutzbehörde OSHA (Occupational Safety and Health Administration) für alle Produkte vorgeschrieben[109] sind und manchmal weltweit verwendet werden, sind nur für die Sicherheit am Arbeitsplatz und bei der Verarbeitung bestimmt. Sie bieten folglich normalerweise eine unvollständige Bewertung der chemischen Gefahren eines Produktes. Häufig sind weitere Untersuchungen erforderlich, um den Inhalt und die Auswirkungen eines Produkts vollständig zu verstehen.

Vielfach zögern die Lieferanten, Ihnen die notwendigen Informationen weiterzugeben. Eine zwischen Ihnen oder einer dritten Partei (bspw. einem unabhängigen Labor) abgeschlossene Geheimhaltungserklärung könnte Abhilfe schaffen. Kapitel 6.2.4 ff. erklärt, wie Sie sichere und kreislauffähige Materialentscheidungen zu einem Treiber für die Innovation in Ihrem Designprozess machen.

### 6.3.5 Materialprüfung

Wenn Sie mehr Einblick in die chemische Zusammensetzung eines Materials haben, können Sie dies mit dem bereits erwähnten MaterialWise-Tool überprüfen.

Jeden Tag werden neue Materialien erfunden. Die Liste der bekannten Gefahren ist selbstredend nie vollständig. Wenn Ihr Material nicht im Screening-Tool erscheint, bedeutet dies nicht unbedingt, dass der Rohstoff sicher ist. Als nächsten Schritt müssten Sie daher eine Bewertung der Auswirkungen auf die menschliche Gesundheit und die Umwelt durch Chemiker und Toxikologen in Auftrag geben.

[Arbeitsblatt]

### 6.3.6 Auswahl der Ausgangsstoffe

Ein weiterer Gesichtspunkt bei der Rohstoffauswahl sicherer und kreislauffähiger Werkstoffe ist die Bestimmung der Herkunft (woher?) und die Art der Beschaffung (von wem?). Wegen der möglichen negativen Auswirkungen der Rohstoffgewinnung auf die Ökologie ist die Auswahl an Rohstoffen aus recycelten, wiederverwendeten oder ordnungsgemäß bewirtschafteten erneuerbaren Ressourcen ideal, da sie solche Auswirkungen vermeiden.

109 https://echa.europa.eu/de/regulations/reach/substance-identity abgerufen am 05.08.2020.

Wenn das von Ihnen benötigte Material Teil eines technischen Kreislaufs ist, besteht die Möglichkeit, diese Rohstoffe unter Berücksichtigung der Kreislaufwirtschaft alternativ zu beschaffen:

- Kann dieses Material aus Abfall von einem anderen industriellen Prozess gewonnen werden?
  - Beispiel: Angüsse bei der Kunststoffverarbeitung[110] werden sogleich wieder gemahlen und in den Kreislauf eingeführt, überschüssiges Material wird verkauft.
- Ist es möglich, es aus Post-Verbraucher-Abfällen zu gewinnen (bspw. Sägemehl)?
  - Beispiel: Sägemehl, das zu Spanplatten verarbeitet wird.[111]

Für beide Optionen gilt: Wurde der Abfallstrom richtig definiert, um das Risiko eines denkbaren Schadens zu vermeiden?

Wenn Ihr Material Teil eines biologischen Kreislaufs ist, untersuchen Sie, wie dieses Material auf ökologisch verantwortliche und erneuerbare Weise beschafft werden kann:

| Fragen | Ihre Bemerkungen/Antworten |
|---|---|
| Kann dieses Material auch aus Abfall gewonnen werden, z. B. aus landwirtschaftlichen Nebenprodukten oder Lebensmittelabfällen? | |
| Kann die Ressourcenextraktion unter Erhaltung der biologischen Vielfalt und zur Unterstützung kritischer Ökosysteme erfolgen? | |

110 https://www.kunststoffe.de/themen/basics/recycling/werkstoffliches-recycling/artikel/recycling-von-produktionsabfaellen-1001643.html abgerufen am 09.10.2020.

111 https://www.schreinerzeitung.ch/de/artikel/holzwerkstoffe-handel-im-wandel abgerufen am 02.11.2020.

| Fragen | Ihre Bemerkungen/Antworten |
| --- | --- |
| Ist der Verbrauch dieses Materials langsamer als die Regeneration der Ressource? | |
| Werden diese Materialien im Hinblick auf ökologische, soziale und wirtschaftliche Vorteile nachweislich verantwortungsvoll bewirtschaftet? | |

Es gibt viele Zertifizierungsprogramme wie FSC (Forest Stewardship Council), PEFC (Programme for the Endorsement of Forest Certification), diverse Bio-Labels, Demeter etc. Die Schwierigkeit in der Sache ist nun, das Wesen dieser Zertifizierungen zu erkennen.

[Arbeitsblatt]

### 6.3.7 Design Circular

Wenn Sie sicheres Material ausgewählt und seine Auswirkungen über den gesamten Lebenszyklus betrachtet haben, untersuchen Sie, wie es in Ihrem Produkt in ein kreislauffähiges Design passen würde.

| Fragen | Ihre Bemerkungen/Antworten |
| --- | --- |
| Wird dieses Material mit anderen Materialien oder Chemikalien im Produkt kombiniert? | |

| Fragen | Ihre Bemerkungen/Antworten |
|---|---|
| Können diese Materialien einfach getrennt werden? | |
| Wie haltbar ist das Material für die erwarteten Verwendungszwecke des Produkts? | |
| Welche Lebensdauer hat das Produkt, welches das Material enthält, für die zu erwarteten Verwendungszwecke? | |
| Wird es repariert oder gewartet werden müssen? | |
| Wie kann der Wert des Materials nach der Nutzungsphase des Produkts wiedergewonnen werden? | |
| Ist zum Beispiel ein Produkt, das sowohl aus Baumwolle (einem biologischen Material) als auch aus Polyester (einem technischen Material) besteht, für eine Kreislaufwirtschaft geeignet? | |

[Arbeitsblatt]

### 6.3.8 Nach-Gebrauch-Phase

Wenn Sie sicheres Material ausgewählt und seine kreisförmige Gestaltung bedacht haben, denken Sie darüber nach, was mit dem Produkt nach seiner Nutzungsphase geschehen wird.

Für technische Materialien:

| Fragen | Ihre Bemerkungen/Antworten |
|---|---|
| Was wird benötigt, um das Produkt, die Komponente und/oder den Werkstoff zurückzugewinnen? | |
| Wie können Kommunikation mit dem Kunden sowie Koordination und Zusammenarbeit mit Partnern sichergestellt werden? Beispiel: Rückführung des Produkts zum Hersteller | |
| Wie kann das Design des Produkts einen Kreislauf der Materialien ermöglichen? Beispiel: Die Gestaltung des Produkts, sodass eine einfache Demontage möglich ist. | |

Wenn verwendete biologische Materialien nicht mehr gebraucht werden können:

| Fragen | Ihre Bemerkungen/Antworten |
|---|---|
| Ist das Material so konzipiert, dass es sicher biologisch abgebaut werden kann? | |

| Fragen | Ihre Bemerkungen/Antworten |
|---|---|
| Benötigt das Material ein spezielles Verfahren, z. B. Kompostierung oder Abwasserbehandlung? | |
| Sind spezielle Technologien oder Infrastruktur zur Rückführung in den biologischen Kreislauf notwendig? | |

Sowohl für technische als auch biologische Materialien ist zu prüfen, ob irgendwelche Zusatzstoffe die Fähigkeit verringern, das Produkt zu recyceln.

Beispielsweise kann ein beschichtetes Papier oder eine Etikette auf einem Produkt die biologische Abbaubarkeit hemmen.[112] Weitere Informationen darüber, wie Sie dies vermeiden resp. herausfinden können, finden Sie im Kapitel 6.2.

## 6.4 Mit ausgesuchten Materialien vorankommen

In diesem Kapitel überprüfen Sie, welche Materialien in Ihrem Entwicklungsprozess zum Treiber kreislauffähiger Innovationen werden.

Unbedenkliches Material ist für die Kreislaufwirtschaft eine Schlüsselkomponente, denn beim Design neuer Produkte bleiben sie im Umlauf. Als Entwickler fragen Sie sich vielleicht, wie Sie für eine Kreislaufwirtschaft geeignete Materialien verwenden können, wenn die Produkte bereits hergestellt werden. Mit Blick auf die Kreislaufwirtschaft spielen die Entwickler eine wichtige Rolle bei der Auswahl der richtigen Materialien für Produkte. Die Herausforderung liegt darin, dass sich unter Umständen Produktdesign und Herstellung mit neuen Materialien negativ beeinflussen.

Binden Sie die Mitglieder Ihrer Organisation in den Produktdesign-Prozess ein. Die Grundfragen sind, was dies für Ihr Unternehmen in Bezug auf Produktentwicklung,

112 https://www.umweltbundesamt.de/publikationen/gutachten-zur-behandlung-biologisch-abbaubarer abgerufen am 16.04.2021.

Materialentscheidungen, Geschäftsmodelle usw. bedeutet. Gemeinsam können Sie neue Möglichkeiten für Verbesserungen finden.

Denken Sie darüber nach, wie Transparenz, das Management von chemikalienhaltigen Materialien und die Rolle der Innovation helfen können, Ihre Geschäftsziele zu erreichen und neue Partnerschaften zu entwickeln sowie die Beziehungen zu Ihren Kunden und Interessengruppen zu verbessern.

Im Rahmen eines Workshops definieren Sie, welches Fachwissen und welche spezifischen Kenntnisse, Fähigkeiten erforderlich sind, um mit der Verbesserung der Materialsicherheit eines aktuellen Produkts zu beginnen. Definieren Sie die nächsten Schritte zur Optimierung eines Produktes hinsichtlich dessen bedenklicher Werkstoffe. Überprüfen Sie, inwiefern die Kreislauffähigkeit Ihrer Produkte Ihre Geschäftsstrategie beeinflusst.

### [Arbeitsblatt] 6.4.1 Bestandsaufnahme, Beurteilung, Auswertung

In diesem ersten Schritt müssen Sie die chemische Zusammensetzung und die potenziellen Risiken der eingesetzten Materialien verstehen. Erstellen Sie ein Inventar resp. einen Katalog der verwendeten Materialien und deren chemischer Zusammensetzung. Beantworten Sie folgende Fragen:

| Fragen | Ihre Bemerkungen/Antworten |
|---|---|
| Welche Materialien sind in dem Produkt enthalten? Nutzen Sie das Design-Circular-Arbeitsblatt »Sichere & kreislauffähige Materialauswahl«. | |
| Aus welchen Chemikalien sind diese Materialien hergestellt? | |
| Wer in Ihrer Organisation oder in Ihrer Lieferkette hat Zugang zu diesen Informationen? | |

Das Überprüfungsverfahren (Screening) ermöglicht Ihnen, bekannte bedenkliche Chemikalien, die im Produkt enthalten sind, zu identifizieren. Das Screening kann von einer Produktentwicklerin oder einem Produktentwickler durchgeführt werden, die/der das Inventar mit Listen bekannter bedenklicher Stoffe abgleichen kann. Diese Listen werden von Regierungsstellen erarbeitet und basieren auf wissenschaftlicher Forschung und auf Tests. Das Screening ist fundamental, um Prioritäten für die Substitution oder Eliminierung zu ermitteln. Unter Umständen liefert es kein vollständiges Bild der Gefahren aller Chemikalien, daher kann der nächste Schritt eine toxikologische Bewertung erfordern.

Der Bewertungsprozess bestimmt, ob nicht gelistete Chemikalien wirklich sicher sind oder ob diese in der derzeit verfügbaren Forschung einfach nicht berücksichtigt werden. Angesichts des erforderlichen technischen Fachwissens können diese Überprüfungen nur von ausgebildeten Chemikern oder Toxikologen durchgeführt werden, um die potenziellen Auswirkungen auf Mensch und Umwelt zu bestimmen. Konstrukteure und Hersteller können diese Informationen als Grundlage nutzen, um fundierte Entscheidungen zur Optimierung des Designs und der Entwicklung ihrer Produkte zu treffen.

### 6.4.2 Einbezug der an der Produktentwicklung und Lieferkette Beteiligten [Arbeitsblatt]

Danach sind die an der Lieferkette Beteiligten und das Beschaffungsteam in den Prozess der sicheren und kreislauffähigen Materialwahl einzubeziehen.

Es ist wichtig, Ihre Lieferanten frühzeitig in dieses Gespräch zu involvieren, da ihre Beteiligung in der Phase der Bestandsaufnahme von entscheidender Bedeutung ist. Die Lieferanten, die Sie bei Ihren Bemühungen unterstützen, die Auswirkungen eines Produkts auf die menschliche Gesundheit und die Umwelt zu verstehen, sind Ihre bevorzugten Partner. Entwickeln Sie Strategien für ein sicheres und kreislauffähiges Design. Denken Sie daran, dass Ihre Lieferanten Informationen über ihre Materialien als ihr geistiges Eigentum betrachten könnten. Sie können mit einem Toxikologen als Drittpartei zusammenarbeiten (mit Geheimhaltungsvereinbarung), der Sie unterstützt, die urheberrechtlich geschützten Informationen der Lieferanten aufrechtzuerhalten und gleichzeitig eine umfassende Überprüfung der Materialien vorzunehmen.

Erarbeiten Sie mit Ihren internen Fachpersonen (ev. mit externen Beratern) ein fundiertes Verständnis der aktuellen Prozesse und Praktiken. Nutzen Sie diese Gespräche, um kreatives Denken und neue Lösungen zu befördern.

Eine gute Möglichkeit, mehrere Interessengruppen einzubeziehen, ist ein Workshop zur Neugestaltung und Diskussion über die Implementierung sicherer und zirkulärer Werkstoffe, bei dem Sie das Arbeitsblatt 6.2.12 verwenden.

Nehmen Sie sich gemeinsam mit Ihrem Team Zeit, darüber nachzudenken, wie sie die Chancen und Herausforderungen bei der Berücksichtigung sicherer, kreislauffähiger Materialien im Produktionsprozess erfolgreich anzugehen:

| Fragen | Ihre Bemerkungen/Antworten |
|---|---|
| Wie können sichere und kreislauffähige Materialien zu einer kreativen Chance für das Unternehmen werden? | |
| Sind Fähigkeiten oder Kenntnisse erforderlich, die dem Team derzeit fehlen? | |
| Was ist notwendig, damit das Unternehmen mit der Verwendung von sicheren und kreislauffähigen Materialien beginnen kann? | |
| Wen von Ihren Anspruchsgruppen müssen Sie an Bord holen? | |
| Wie fügt sich das Ganze in die Gesamtstrategie des Unternehmens ein? | |

### 6.4.3 Materialien und Produkte bewerten und zertifizieren

[Arbeitsblatt]

Die Zertifizierung umweltverträglicher Materialien ist ein wirkungsvolles Instrument, um aufzuzeigen, dass sich Ihre Organisation zur Einhaltung externer Standards verpflichtet hat. Ihre Bemühungen, die menschliche Gesundheit zu schützen und Umweltschutz zu fördern, werden auf diese Weise validiert.

Unzählige Zertifizierungsprogramme mit jeweils unterschiedlichen Normen und Produktbereichen existieren. Zu den Vorteilen eines Zertifizierungsverfahrens durch Dritte gehören:

- Glaubwürdigkeit,
- wissenschaftlich fundierte Bewertung,
- Anpassung an globale Best Practices und Standards,
- Sicherheit für Kunden und externe Interessengruppen.

Überprüfen Sie, welches Zertifizierungsprogramm am besten zu Ihren Unternehmenszielen passt:

| Fragen | Ihre Bemerkungen/Antworten |
|---|---|
| Welche Produkte könnten zertifiziert werden? | |
| Was sind die wichtigsten Zertifizierungen in der Branche? | |
| Welche Zertifizierungen haben Ihre Konkurrenten? | |

| Fragen | Ihre Bemerkungen/Antworten |
| --- | --- |
| Welche haben sie nicht? | |
| In welchen Bereichen wollen Sie eine Führungsrolle einnehmen? | |

### 6.4.4 Suche nach zertifizierten Materialien

Eine alternative Strategie für Materialien, die in ihrem Produkt verwendet werden, ist die Suche nach Materialien, die bereits zertifiziert wurden. Die Auswahl zertifizierter Materialien stellt sicher, dass keine bedenklichen Chemikalien in Ihrem Produkt enthalten sind.

Suchen Sie nach zertifizierten Materialien im Register für zertifizierte Cradle-to-Cradle-Produkte[113] sowie im Material Health Certificate Registry. Wenn Sie nach bestimmten Werkstoffen suchen, geben Sie einfach einen Suchbegriff ein oder filtern Sie nach Produktkategorie, um Ideen für bedenkenlos einsetzbare Materialen zu erhalten.

### [Arbeitsblatt] 6.4.5 Etablieren Sie eine kreislauffähige Geschäftsstrategie

Design Circular ist ein restaurativer und regenerativer Geschäftsansatz. Die Priorisierung sicherer, kreislauffähiger Materialien in der Produktentwicklung bildet die Basis dafür, dass sicherere Materialien im Umlauf bleiben.

Kreislauffähige Produkte, Komponenten und Materialien, die ein kreislauffähiges Geschäftsmodell ermöglichen, müssen im Mittelpunkt des Designprozesses stehen. Selbst ein Produkt, das mit den »sichersten« verfügbaren Materialien hergestellt wurde, kann immer noch auf einer Deponie landen oder verbrannt werden. Denken Sie darüber nach, wie Ihr Produkt in ein Kreislauf-System passt:

113 The Cradle to Cradle Products Innovation Institute (2020) https://www.c2ccertified.org/products/registry abgerufen am 30.8.2020.

| Fragen | Ihre Bemerkungen/Antworten |
|---|---|
| Wie kommt das Produkt, in dem das Material verwendet wird, nach der Nutzungsphase wieder zurück? | |
| Wenn das Produkt zurückkommt, kann es zerlegt und wieder zusammengesetzt werden, um die Materialien auf effektive Weise freizusetzen? | |
| Wie können sichere und zirkuläre Materialien im Produkt zur Entwicklung neuer Partnerschaften beitragen? | |
| Wie kann die Beziehung zum Kunden verbessert werden? | |
| Wie können Sie neue Geschäftsziele erreichen? | |

Der Design Circular-Leitfaden hilft Ihren Entwicklern, Konstrukteuren etc., elegantere, effizientere, effektivere und kreativere Lösungen für die Kreislaufwirtschaft zu entwickeln. Mit Arbeitsblatt 3.6.3 Markenversprechen finden Sie heraus, welche Elemente der Kreislaufmethode den Zweck Ihrer Marke verstärkt. Es gibt viele Möglichkeiten, wie sichere und kreislauffähige Materialwahlen in Ihrem Unternehmen getroffen werden können.

## 6.5 Konklusion

Design Circular ist ein starkes Instrument zur Etablierung der Kreislaufwirtschaft in der Gesellschaft. Die Weltwirtschaft ist über kurz oder lang auf verbesserte Ressourceneffizienz angewiesen. Verkraftbares Wachstum trotz beschränkter Ressourcen wird nur möglich sein, wenn die Ressourcen effektiver und effizienter genutzt werden.

Die Anwendung von Design Circular fördert die regionale Wertschöpfung und bietet den Unternehmen Chancen auf neue Geschäftsmodelle. Sie führt zu einer nachhaltigeren und widerstandsfähigeren Volkswirtschaft. (Versorgungs-)Risiken und potenziell entstehende Schäden in Krisensituationen als Folge außerordentlicher Situationen wie Handelskriege, einer Pandemie, einer Naturkatastrophe oder möglicher Auswirkungen des zu erwartenden Klimawandels sind gemindert.

Die Anfälligkeit globaler Lieferketten wurde in der Vergangenheit immer wieder manifest. Diesbezügliche Warnungen wurden innerhalb kürzester Zeit in den Wind geschlagen. Design Circular lässt Ressourcenverschleiß erkennen und neue Wege beschreiten, sei es mit der Verwendung naturbasierter Materialien, sei es mit Wiedereinsatz oder mit der längeren Verwendung eines Produktes bei gleichzeitiger Anwendung eines veränderten oder neuen Geschäftsmodells.

Die längere Anwendung von Materialien und Produkten führt zu mehr Effizienz in den Ressourcenkreisläufen, insofern der für den Input notwendige Ressourcenbedarf schrumpft. Damit reduziert sich die Abhängigkeit von globalen Lieferketten und den damit einhergehenden Beschaffungsrisiken. Als positiver Nebeneffekt sichern bzw. schaffen regionale Unternehmen Arbeitsplätze. Gut ausgebildete Arbeitskräfte und hohes Innovationspotenzial, zweifelsfrei Stärken der Schweizer Wirtschaft, werden so ideal genutzt. Das Reshoring der Herstellung von Produkten würde überdies Wertschöpfungsketten kürzen, ergo die Anzahl der Transporte senken.

Ereignisse wie eine Pandemie lassen den Menschen sowohl in materieller als auch nicht-materieller Hinsicht dessen bewusst werden, was wirklich wichtige Bedürfnisse sind. Die Nachfrage nach biologisch hergestellten Produkten ist in der Schweiz markant gestiegen, Themen wie Nachhaltigkeit, Gesundheit, Ernährung, Natur und soziale Bindungen haben den öffentlichen Diskurs merklich geprägt. Diese Entwicklung ist ungebremst.

Design Circular zeigt, wie Qualität vor Quantität kommt und wie effizientere, nachhaltigere Produktions- und Konsumformen, etwa die Wiederverwendung, Reparaturen etc. und somit wie Ressourceneffizienz als Schlüsselstrategie künftiger Geschäftsmodelle dient.

Dank des hohen Bildungsniveaus und innovationsstarker Forschung und Wirtschaft hat die Schweiz ideale Voraussetzungen für digital-zirkuläre Innovationen. Vernetzte, intelligentere, mit Sensoren ausgerüstete Produkte ermöglichen einen immediaten Datenaustausch mit dem Hersteller. Ebendieser kann die Leistung der Produkte überwachen, analysieren und optimieren. Technologien wie künstliche Intelligenz, Internet of Things, Blockchain oder Big Data schaffen bessere Rückverfolgbarkeit und höhere Transparenz von Produkten. Umweltauswirkungen, Materialverschleiß und mögliche Risiken in der Nutzungsphase werden zeitnah erfasst und können vom Hersteller in kürzester Zeit behoben werden.

Einsatz und Entwicklung digitaler Technologien sollten sich aber nicht negativ auf andere Nachhaltigkeitsziele wie Treibhausgasemissionen oder auf die Qualität der Arbeitsplätze auswirken.

Design Circular

- **entwickelt Pläne und Strategien für die Kreislaufwirtschaft und hilft,** das Potential der Kreislaufwirtschaft offenzulegen; damit werden Unternehmen fundamental gestärkt,
- **unterstützt den Wandel zu einer klimaverträglichen Kreislaufwirtschaft und bringt dank Ressourceneffizienz** mehr Nachhaltigkeit in die Güter- und Dienstleistungs-Produktion,
- **verlängert die Lebensdauer von Produkten durch die 7R,**
- **fördert die Wiederverwertung mithilfe des Einsatzes von** wiederverwertbaren Materialien,
- **steigert die Innovationsfähigkeit und die Gestaltung der Digitalisierung nachhaltig mit der** Integration der Kreislaufwirtschaft in Aus- und Weiterbildungen verschiedener Stufen und Berufsgruppen,
- reduziert die Abhängigkeit von internationalen Lieferketten und fördert die regionale Produktion,
- **richtet die Beschaffung an der Kreislaufwirtschaft aus** und erarbeitet Lösungen, die im Einklang mit den Prinzipien der Kreislaufwirtschaft stehen. Die Ausgaben werden durch die Betrachtung der Lebenszykluskosten langfristig reduziert,
- **schafft Anreize,** Produkte zu teilen, zu reparieren, weiterzuverkaufen und zu vereinfachen, also sie wiederzuverwenden statt sie wegzuwerfen; letztlich werden so die Ressourcen geschont,
- **stellt langlebige, modulare, reparierbare und wiederverwertbare Produkte her,** die neue Einnahmequellen erschließen und die Kundenbindung erhöhen,
- **strebt die Zusammenarbeit mit Zulieferern und Konkurrenten an,** um das erforderliche Know-how für ressourcenschonende Geschäftsmodelle partnerschaftlich zu entwickeln. Dies wird wiederum die Branche insgesamt stärken, was im Interesse jedes einzelnen Unternehmens liegt.

## 6.6 Schlüsselsätze

Design Circular hilft, Ideen zu Ende zu denken, sodass möglichst alle hergestellten Produkte nicht mehr mengen-, sondern zukunftsoptimiert sind.

Design Circular verharrt nicht beim Produkt, sondern integriert die Neuausrichtung des Unternehmens. Angefangen mit einer angestrebten Umstellung auf die Kreislaufwirtschaft, muss das Unternehmen die Unternehmensstrategie in Richtung nachhaltiges Wirtschaften neu ausrichten und sich über Disruptoren und neue Geschäftsmodelle klar werden.

Unter dieser Perspektive ist es äußerst wichtig, dass nicht nur Pros und Kontras diskutiert werden, sondern auch die Folgewirkungen eines Gesetzes.

Der Orientierung weg von der globalen, einer von Stückzahlen getriebenen Fertigung hin zu regionalen und flexibleren Fertigungsprozessen wird trotz verringerter Ressourcenströme tendenziell nicht weniger Arbeitskräfte benötigen als die heutige lineare Wirtschaft.

Hinzu kommen Arbeitsplätze in Design und Konstruktion, welche die Transformation von der Wegwerfgesellschaft zur Kreislaufwirtschaft mitgestalten müssen.

Erhöhen sich zudem die Transportkosten, hat dies zur Folge, dass es sich immer weniger lohnt, die Güter von überall auf der Welt überallhin zu transportieren.

# Abbildungsverzeichnis

# Literaturverzeichnis

Anmerkung: Viele Vorschläge und Ideen sind inspiriert von den im englischen Sprachraum bereits existierenden Methoden der Ellen MacArthur Foundation.

»Im vorliegenden Text wird aus Gründen der besseren Lesbarkeit das generische Maskulinum verwendet. Weibliche und anderweitige Geschlechteridentitäten werden dabei ausdrücklich mitgemeint, soweit es für die Aussage erforderlich ist.«.


Basel Convention, Follow up Partnership to the Partnership for Action on Computing Equipment, http://www.basel.int/Implementation/TechnicalAssistance/Partnerships/FollowuptoPACE/tabid/8089/Default.aspx, abgerufen 05.08.2020

Benyus Janine, Biomimicry: Innovation Inspired By Nature, https://biomimicry.org/janine-benyus/first-chapter-biomimicry-innovation-inspired-nature/, abgerufen 13.04.2021

Bierter Willy, Dematerialisierung und Beschäftigung im Rahmen einer pluralen Ökonomie, https://www.econstor.eu/bitstream/10419/50304/1/322769876.pdf, abgerufen 21.02.2020

BMW AG, Erlkönige: Die Kunst des Verwirrens, https://www.bmw.com/de/automotive-life/erlkoenig-auto.html, abgerufen 08.09.2020

Bundesamt für Umwelt BAFU, Abfall und Rohstoffe: Das Wichtigste in Kürze, https://www.bafu.admin.ch/bafu/de/home/themen/abfall/inkuerze.html, abgerufen 05.08.2020

Bundesinstitut für Risikobewertung, Antibakterielle Reinigungsmittel im Haushalt nicht erforderlich, https://www.bfr.bund.de/de/presseinformation/2000/17/antibakterielle_reinigungsmittel_im_haushalt_nicht_erforderlich-890.html, abgerufen 18.09.2020

Bundesministerium für Bildung und Forschung (BMBF), Fortschrittsbericht zur Hightech-Strategie 2025, https://www.bmbf.de/upload_filestore/pub/Fortschrittsbericht_zur_Hightech_Strategie_2025.pdf, abgerufen 04.03.2021

Bundesministerium für Bildung und Forschung (BMBF), Fortschrittsbericht zur Hightech-Strategie 2025, https://www.bmbf.de/upload_filestore/pub/Fortschrittsbericht_zur_Hightech_Strategie_2025.pdf, abgerufen 04.03.2021

Bundesministerium für Wirtschaft und Energie, Entsorgung und Kreislaufwirtschaft, https://www.bmwi.de/Redaktion/DE/Textsammlungen/Industrie/entsorgungs-und-kreislaufwirtschaft.html, abgerufen 04.03.2021

Bundesministerium für Wirtschaft und Energie, Entsorgung und Kreislaufwirtschaft, https://www.bmwi.de/Redaktion/DE/Textsammlungen/Industrie/entsorgungs-und-kreislaufwirtschaft.html, abgerufen 04.03.2021

Bundesregierung, Nachhaltiges Wirtschaften in Kreisläufen, https://www.hightech-strategie.de/de/nachhaltiges-wirtschaften-in-kreislaeufen-1969.html, abgerufen 04.03.2021

Bundesverband der Deutschen Industrie, Deutsches Ressourceneffizienzprogramm setzt neue Akzente, https://bdi.eu/artikel/news/zweite-fortschreibung-zum-deutschen-ressourceneffizienzprogramms-progress-iii-setzt-neue-akzente, abgerufen 04.03.2021

Burgstaller Maria et al., Gutachten zur Behandlung biologisch abbaubarer Kunststoffe, https://www.umweltbundesamt.de/publikationen/gutachten-zur-behandlung-biologisch-abbaubarer, 2018

Butterworth Jamie et al., The limits of linear consumption, http://reports.weforum.org/toward-the-circular-economy-accelerating-the-scale-up-across-global-supply-chains/the-limits-of-linear-consumption/, abgerufen 21.12.2019

Butterworth Jamie et al., Towards the Circular Economy: Accelerating the scale-up across global supply chains, https://reports.weforum.org/toward-the-circular-economy-accelerating-the-scale-up-across-global-supply-chains/, abgerufen 15.03.2020

Cash, Palladium, https://www.cash.ch/rohstoffe-edelmetalle/palladium-1-kg-287634/ubs/chf/chart, abgerufen 26.08.2020

CAT®, CAT® Certified Rebuild Program, https://www.cat.com/en_US/products/new/parts/certified-rebuild.html, abgerufen 18.03.2020

Centola Loris Adler Oliver, Herausforderung Generationenwechsel, Credit Suisse 2016

Chemie.DE, Kunststoff, https://www.chemie.de/lexikon/Kunststoff.html#Werkstoffliche_Verwertung, abgerufen 04.10.2020

Circular Futures, EU-Aktionsplan für die Kreislaufwirtschaft 2020, https://www.circularfutures.at/themen/kreislaufwirtschaftspolitik/eu-klw-aktionsplan-2020/, abgerufen 04.03.2021

Circular Futures, EU-Aktionsplan für die Kreislaufwirtschaft 2020, https://www.circularfutures.at/themen/kreislaufwirtschaftspolitik/eu-klw-aktionsplan-2020/, abgerufen 04.03.2021

Circular Futures, Wer wir sind, https://www.circularfutures.at/ueber-uns/wer-wir-sind/, abgerufen 04.03.2021

Counterpoint Team, Global Smartphone Market Share, https://www.counterpointresearch.com/global-smartphone-share/, abgerufen 31.07.2020

Cradle to Cradle Product Innovation Institute, Cradle to Cradle Certified® Resources, https://www.c2ccertified.org/resources/collection-page/cradle-to-cradle-certified-resources-public, abgerufen 12.07.2020

Cradle to Cradle Product Innovation Institute, Cradle to Cradle Certified® Version 4.0, https://www.c2ccertified.org, abgerufen 16.04.2021

Cradle to Cradle Product Innovation Institute, About the Institute, https://www.c2ccertified.org/about/about, abgerufen 16.09.2020

Cradle to Cradle Product Innovation Institute, Cradle to Cradle Certified Products Registry, https://www.c2ccertified.org/products/registry, abgerufen 30.08.2020

Die Welt, Die grössten Klimasünder, https://www.welt.de/wirtschaft/article191245037/Treibhausgase-Das-sind-die-groessten-CO2-Emittenten-in-Europa.html#cs-lazy-picture-placeholder-01c4eedaca.png, abgerufen 19.04.2020

Diverse, Branchenbild der deutschen Kreislaufwirtschaft, https://www.vdma.org/documents/105628/6872272/Z_Branchenbild%20der%20deutschen%20Kreislaufwirtschft.pdf/80805e8f-dfd3-4f3b-aae8-d2b3a44d1349, abgerufen 06.08.2020

Diverse, Ressourcen Trialog: Ein Dialog über Herausforderungen und Lösungsansätze in der Abfall- und Ressourcenwirtschaft der Schweiz 2030 Schlussbericht, http://www.ressourcentrialog.ch, abgerufen 05.08.2020

Diverse, Ressourcen Trialog: Ein Dialog über Herausforderungen und Lösungsansätze in der Abfall- und Ressourcenwirtschaft der Schweiz 2030 Schlussbericht, http://www.ressourcentrialog.ch/wp-content/uploads/2015/09/2017-10-30_Ressourcen_Trialog_Medienmitteilung_DE.pdf, abgerufen 05.08.2020

Eidgenössisches Departement für auswärtige Gelegenheiten EDA, Ziel 11: Städte und Siedlungen inklusiv sicher widerstandsfähig und nachhaltig machen, https://www.eda.admin.ch/agenda2030/de/home/agenda-2030/die-17-ziele-fuer-eine-nachhaltige-entwicklung/ziel-11-staedte-und-siedlungen-inklusiv-sicher.html, abgerufen 18.03.2020

Eidgenössisches Departement für auswärtige Gelegenheiten EDA, Agenda 2030 für nachhaltige Entwicklung, https://www.are.admin.ch/are/de/home/nachhaltige-entwicklung/internationale-zusammenarbeit/agenda2030.html, abgerufen 18.03.2020

Eidgenössisches Departement für auswärtige Gelegenheiten EDA, Ziel 12: Für nachhaltige Konsum- und Produktionsmuster sorgen, https://www.eda.admin.ch/agenda2030/de/home/agenda-2030/die-17-ziele-fuer-eine-nachhaltige-entwicklung/ziel-12-fuer-nachhaltige-konsum-und-produktionsmuster-sorgen.html, abgerufen 18.03.2020

Eidgenössisches Departement für auswärtige Gelegenheiten EDA, 17 Ziele für nachhaltige Entwicklung, https://www.eda.admin.ch/agenda2030/de/home/agenda-2030/die-17-ziele-fuer-eine-nachhaltige-entwicklung.html, abgerufen 18.03.2020

Eidgenössisches Parlament, Parlamentsvorstösse zur Kreislaufwirtschaft, https://www.parlament.ch/de/suche#k=Kreislaufwirtschaft, abgerufen 19.03.2020

Elite SA, https://www.elitebeds.ch/fr/, abgerufen 25.08.2020

Elite SA, https://www.elitebeds.ch/de, abgerufen 25.04.2020

Ellen MacArthur Foundation circular economy team, Towards the Circular Economy, https://www.ellenmacarthurfoundation.org/assets/downloads/publications/Towards-the-circular-economy-volume-3.pdf, abgerufen 03.05.2020

Ellen MacArthur Foundation circular economy team, Eigene Dartstellung in Anlehnung an: Towards Circular Economy Vol. 1 2013

Ellen MacArthur Foundation, https://www.ellenmacarthurfoundation.org/assets/downloads/publications/Ellen-MacArthur-Foundation-Towards-the-Circular-Economy-vol.1.pdf, abgerufen 25.11.2019

Ellen MacArthur Foundation circular economy team, Towards Circular Economy Vol. 1 2013 Ellen MacArthur Foundation, https://www.ellenmacarthurfoundation.org/assets/downloads/publications/Ellen-MacArthur-Foundation-Towards-the-Circular-Economy-vol.1.pdf, abgerufen 25.11.2019

Ellen MacArthur Foundation, Eigene Darstellung des Wandels von der linearen zur Kreislaufwirtschaft, Towards Circular Economy Vol. 3, 2013

Ellen-Macarthur- Foundation, Towards the Circular Economy Vol. 1: an economic and business rationale for an accelerated transition S. 9, https://www.ellenmacarthurfoundation.

org/publications/towards-the-circular-economy-vol-1-an-economic-and-business-rationale-for-an-accelerated-transition, abgerufen 25.11.2019

EPEA GmbH – Part of Drees & Sommer, Eigene Darstellung in Anlehnung an EPEA Hamburg, https://epea-hamburg.com/toolbox-circular-economy/, abgerufen 10.03.2020

EPEA GmbH – Part of Drees & Sommer, Rethinking products, https://epea.com/en/about-us/cradle-to-cradle, abgerufen 10.03.2020

EPEA GmbH – Part of Drees & Sommer, Eigene Darstellung in Anlehnung an Epea, https://epea-hamburg.com/toolbox-circular-economy/, abgerufen 10.03.2020

EPEA Hamburg, Definition Cradle to Cradle, https://epea-hamburg.com/en/about-us/cradle-to-cradle, abgerufen 02.12.2019

EPEA GmbH – Part of Drees & Sommer, Katalog Nutzungsszenarien, https://epea-hamburg.com/, abgerufen 02.03.2020 Europäische Chemikalien Agentur, Leitlinien zur Identifizierung und Bezeichnung von Stoffen gemäß REACH und CLP Version 2.1 – Mai 2017, https://echa.europa.eu/documents/10162/23036412/substance_id_de.pdf/eb1721f9-74ec-4f8c-8aa3-1490fd510685, abgerufen 04.11.2020 Europäische Chemikalien Agentur, Identifizierung des Stoffs, https://echa.europa.eu/de/regulations/reach/substance-identity, abgerufen 05.08.2020 Europäische Union, Durchführungsverordnung (EU) 2017/699, https://eur-lex.europa.eu/legal-content/DE/TXT/PDF/?uri=CELEX:32017R0699&from=EN, abgerufen 20.06.2020 Europäische Union, Ökodesign-Anforderungen, https://europa.eu/youreurope/business/product-requirements/compliance/ecodesign/index_de.htm, abgerufen 04.03.2021 European Commission, CIRCULAR ECONOMY, https://ec.europa.eu/commission/sites/beta-political/files/circular-economy-factsheet-general_en.pdf, abgerufen 18.03.2020 European Commission, EU Circular Economy Action Plan, https://ec.europa.eu/environment/circular-economy/index_en.htm, abgerufen 15.04.2020 European Commission, Restriction of Hazardous Substances in Electrical and Electronic Equipment (RoHS), https://ec.europa.eu/environment/waste/rohs_eee/index_en.htm, abgerufen 16.09.2020 European Union ECHA, Understanding REACH, https://echa.europa.eu/regulations/reach/understanding-reach, abgerufen 16.09.2020

Forschungslinie Circular Design, Definition Circular Design, http://www.circular-design.eu/Circular-Design-Deutsch/, abgerufen 02.12.2019

Forster Christof Schäfer Fabian, Bundespräsidentin Sommaruga: «Wir machen keine Versprechungen ins Blaue hinaus sondern planen einen Schritt nach dem anderen», https://www.nzz.ch/schweiz/bundespraesidentin-sommaruga-das-virus-haelt-sich-nicht-an-plaene-ld.1552278, abgerufen 19.04.2020

Forti V. Baldé C.P. Kuehr R. Bel G., The Global E-waste Monitor 2020, https://www.itu.int/en/ITU D/Environment/Pages/Spotlight/Global-Ewaste-Monitor-2020.aspx, abgerufen 15.10.2020

Forti V. Baldé C.P. Kuehr R. Bel G., The Global E-Waste Report 2020, https://www.itu.int/en/ITU-D/Environment/Pages/Spotlight/Global-Ewaste-Monitor-2020.aspx, abgerufen 15.10.2020

Garelli Stéphane, Why you will probably live longer than most big companies, https://www.imd.org/research-knowledge/articles/why-you-will-probably-live-longer-than-most-big-companies/, abgerufen 22.11.2019

Global Footprint Network, Earth Overshoot Day, https://www.overshootday.org/content/uploads/2020/06/2020_Past_Overshoot-Days-English-large.png, abgerufen 17.10.2020

Global Footprint Network, Earth Overshoot Day, https://www.overshootday.org, abgerufen 17.10.2020

Graham Mark, How to build a fairer gig economy in 4 steps, https://www.weforum.org/agenda/2019/11/gig-economy-in-4-steps/, abgerufen am 25.11.2019

GS1, Standards, https://www.gs1.org/standards, abgerufen 15.06.2020

Hilti AG, Hilti Flottenmanagement, https://www.hilti.ch/content/hilti/E3/CH/de/services/tool-services/elektrowerkzeuge-flottenmanagement.html, abgerufen 18.08.2020

Hilti AG, Hilti Flottenmanagement, https://www.hilti.ch/content/hilti/E3/CH/de/services/tool-services/elektrowerkzeuge-flottenmanagement.html, abgerufen 25.04.2020

Holst Arne, Home & household appliances – Statistics & Facts, https://www.statista.com/topics/1068/home-appliances/, abgerufen 15.02.2020

IGE, Das einheitliche Patentsystem der EU, https://www.ige.ch/de/recht-und-politik/immaterialgueterrecht-international/ip-organisationen/epo/einheitlicher-patentschutz-der-eu.html, abgerufen 12.09.2020

IHK, IHK ECO-News, https://www.ihk-koeln.de/upload/2019_03_75830.pdf, abgerufen 03.2019

Initiative of Circle Economy, The Circularity Gap Report 2020, https://www.circularity-gap.world/2020, abgerufen 09.02.2020

Känzig Josef, Eine Wirtschaft ohne Abfälle?, https://dievolkswirtschaft.ch/de/2019/07/kaenzig-08-09-2019/, abgerufen 25.11.2019

Känzig Josef, Eine Wirtschaft ohne Abfälle, https://dievolkswirtschaft.ch/de/2019/07/kaenzig-08-09-2019/, abgerufen 14.03.2020

Känzig Josef, Eigene Darstellung in Anlehnung an https://dievolkswirtschaft.ch/de/2019/07/kaenzig-08-09-2019/, abgerufen 14.03.2020

Känzig Josef, Eine Wirtschaft ohne Abfälle?, https://dievolkswirtschaft.ch/de/2019/07/kaenzig-08-09-2019/, abgerufen 15.04.2020

Kunststoffe.de, Recycling von Produktionsabfällen, https://www.kunststoffe.de/themen/basics/recycling/werkstoffliches-recycling/artikel/recycling-von-produktionsabfaellen-1001643.html, abgerufen 09.10.2020

Kunststoffrohrverband e. V., Wipo Wissensportal, https://www.krv.de/wissen/planung-verlegung, abgerufen 08.09.2020

MaterialWise, Material Screening, https://www.materialwise.org, abgerufen 17.09.2020

Mathews John A. & Hao Tan, Circular economy: Lessons from China, https://www.nature.com/news/circular-economy-lessons-from-china-1.19593, abgerufen 18.03.2020

McKinsey Global Institute, McKinsey Sustainability & Resource Productivity Practice, https://www.mckinsey.com/~/media/McKinsey/Not%20Mapped/TEST%20Copy%20of%20Resource%20revolution%20Tracking%20global%20commodity%20markets/MGI_Resources_survey_Full_report_Sep2013.pdf, abgerufen 25.07.2020

Peter Hablützel, Manuskript zur neuen Schweizer Geschichte, 2020

PILLER Frank Thomas (Hrsg.), Kundenindividuelle Massenproduktion: Die Wettbewerbsstrategie der Zukunft, Hanser München, 1998

Polcher Alexandra et. al, Sachstand über die Schadstoffe in Kunststoffen und ihre Auswirkungen auf die Entsorgung, https://www.bmu.de/fileadmin/Daten_BMU/Pools/Forschungsdatenbank/fkz_um19_34_5080_schadstoffe_kunststoffe_bf.pdf, abgerufen 04.11.2020

REACH, REACH Verordnung, https://www.umweltbundesamt.de/themen/chemikalien/reach-chemikalien-reach, abgerufen 18.08.2020

Rüegg-Stürm J. & Grand S., Eigene Darstellung, St. Galler Management-Modell, Utb GmbH, 2020

Schneider-Schneiter Esther, Die Versorgung der Schweiz mit Seltenen Erden Bericht des Bundesrates in Erfüllung des Postulates 12.3475 Schneider-Schneiter vom 12.06.2012, 19.03.2020

Schnittker Andreas, »Re-Shoring« – Wieso Arbeitsplätze nach Deutschland zurück kommen, https://www.trendreport.de/reshoring-gelingt-aber-nur-mit-einer-digitalen-fertigungsstrategie/, abgerufen 13.04.2021

Schreinerzeitung.ch, Holzwerkstoffe: Handel im Wandel, https://www.schreinerzeitung.ch/de/artikel/holzwerkstoffe-handel-im-wandel, abgerufen 02.11.2020

Schumacher E.F., Small is beautiful. A Study of Economics as if People Mattered, The Random House Group Limited London, 1973

Schweizerische Eidgenossenschaft, Stromabkommen mit der EU, https://www.uvek.admin.ch/uvek/de/home/energie/stromabkommen-mit-eu.html, abgerufen 05.08.2020

SECO, EU-Massnahmen auf Stahl- und Aluminiumimporten, https://www.seco.admin.ch/seco/de/home/Aussenwirtschaftspolitik_Wirtschaftliche_Zusammenarbeit/Wirtschaftsbeziehungen/handelsschutzmassnahmen/EU_schutzmassnahmen_stahl.html, abgerufen 19.03.2020

Stahel W. R. Reday-Mulvey G., Jobs for Tomorrow. The Potential for Substituting Manpower for Energy, Vantage Press New York, 1981

Stahel W.R., In Anlehnung an Stahel W. R. (1987): Das versteckte Innovationspotential., Technische Rundschau 19/87. Bern.

SUVA, Prävention, https://www.suva.ch/de-CH/praevention/sachthemen/asbest?gclid=EAIaIQobChMIlbeSs5rr6wIVENZ3Ch2uOwmdEAAYASAAEgLakvD_BwE#uxlibrary-lwrslider=1, abgerufen 16.04.2021

SWICO, Fachbericht 2020, https://www.swico.ch/media/filer_public/87/3b/873b2c79-1c8d-425f-8559-9ff8487233de/201005_se_fachbericht_2020_de_3.pdf, abgerufen 27.12.2020

Swisscom, Swisscom Mobile Aid, https://www.swisscom.ch/de/about/unternehmen/nachhaltigkeit/mobile-aid.html, abgerufen 15.03.2020

Tagesanzeiger, Kleider in Müll werfen verboten, https://www.tagesanzeiger.ch/panorama/vermischtes/kleider-in-muell-werfen-verboten/story/15629434, abgerufen 15.04.2020

TV-Sendung, Fabrik der Zukunft, https://nachhaltigwirtschaften.at/, abgerufen 03.04.2020

Various, World Economic Forum's Young Global Leaders Sharing Economy Working Group Position paper, World Economic Forum, 2013

Volkswagen, VW Modellkonfigurator, https://www.volkswagen.ch/de/modelle/golf.html#konfigurator, abgerufen 20.03.2020

Vonlanthen Beat, Postulat Vonlanthen Beat. Die Chancen der Kreislaufwirtschaft nutzen, https://www.parlament.ch/de/ratsbetrieb/amtliches-bulletin/amtliches-bulletin-die-verhandlungen?SubjectId=40916, abgerufen 05.08.2020

Weinmann Karin, Seltene Metalle im Elektronikschrott, (https://www.empa.ch/de/web/s604/ressourcen-in-computern/-/journal_content/56_INSTANCE_NewsArt/56164/6241512?p_p_state=pop_up&_56_INSTANCE_NewsArt_page=1&_56_INSTANCE_NewsArt_viewMode=print), abgerufen 09.02.2020

Weinmann Karin, Seltene Metalle im Elektronikschrott, https://www.empa.ch/de/web/s604/ressourcen-in-computern/-/journal_content/56_INSTANCE_NewsArt/56164/6241512?p_p_state=pop_up&_56_INSTANCE_NewsArt_page=1&_56_INSTANCE_NewsArt_viewMode=print, abgerufen 26.02.2020

Wise Donald L. / Trantolo Debra J., Process Engineering for Pollution Control and Waste Minimization Page 145, CRC Press 15 Feb 1994

Zeit Online, China und Malaysia gehen gegen Plastikmüll vor, https://www.zeit.de/wissen/umwelt/2020-01/plastikverbot-china-gesetz-plastiktueten-umweltschutz?utm_referrer=https%3A%2F%2Fwww.google.com, abgerufen 15.04.2020

# Der Autor

Alfred Münger hat in seinem Berufsleben allzu oft Verschwendung gesehen. Er ist davon überzeugt, dass er mit Design Circular ein Konzept präsentiert, das für die Kreislaufwirtschaft ein nachhaltiges Instrument ist, um Ressourcen in Zukunft schonender zu nutzen. Er ist Inhaber des Beratungsunternehmens Münger & Partner GmbH, www.muengerpartner.com und Professor FH an der Hochschule für Wirtschaft HES-SO in Freiburg i. Üe